U0207398

正在设计的未来

DESIGN EDGE: INSIDE/OUTSIDE

李德庚　罗怡　编著

重庆大学出版社

面向未来的设计

李德庚　罗怡

如果说设计有时间朝向的话，那可以简单地分为面向过去、面向当下和面向未来三种态度。面向过去主要是因为寻找精神寄托的“乡愁”，往往宣称“在继承中发扬”；面对当下主要是看重现实的“需求”，往往相信“解决问题的设计才是好设计”；面向未来则主要是出于对“未知”的向往，希望在原先的框架之外寻求新的可能。

设计一向被看作是应用学科，而从事应用学科工作的人最容易被现实的逻辑所左右。也许他们会说，未来的事交给未来的人去操心就好，我们这代人把自己的事做好就行了。可是，要知道，你“处于”怎样的现实和你“创造”怎样的现实之间是有时间差的，我们当下的现实基本上是由上一代创造的，而未来的“当下”会如何则在很大程度上是由我们这一代来创造。面向未来，对设计来说，不光是一种追求理想的态度，更是一种时代赋予的责任。

面向未来的设计是一种想要超越现实的设计，理当是以一种前所未有的形态或样式展开的。这指的不光是形式，甚至也不光是技术和观念，更涉及到设计的知识体系、操作路径以及社会目标等更深层次的转变。说白了，是重新回到了“设计是什么？”这样的本体问题。如果是在一个社会发展缓慢而稳定的时代，这种说法就显得虚妄而且矫情，但今天的我们正处于工业革命之后最大的一次社会变革之中，作为一种创造性领域（或者说职业），设计又怎能不主动作出反应？

但喊口号容易，做起来就难了。首先，设计的机制就是现实的。设计往往以客户的委托为前提，而客户的目标往往是很确切、很具体的，就像是一个紧箍咒，所谓的设计创造只能是在现实目标“实现”范围内的创造，设计师再翻腾，也跳不出这个圈去。所以设计要想有突破就必须在机制上有突破。于是，一些设计师或设计机构已经在发展无委托的主动设计，以期在项目中获得主导地位。此外，一些更富探索性的设计实验室也纷纷出现，它们往往附属于大学或者大型研究机构，不必承担过于现实的市场压力，同时可以得到长期的学术及资金支持，因而可以操作更有远见的项目。本书中所介绍的项目几乎全部孵化于这样的新机制之中。

其次，设计师自己对设计的固有认识也很难超越。通常，设计师会认为自己的工作是“造物”，但由于自身的知识领域并不能真正涵盖整个的“造物”范畴，所以事实上最后往往会沦为“造型”。随着“物”的继续进化，设计界已经意识到，不主动改变的话只会继续被日益发展的“造物”机制边缘化。设计包容与设计协作正在成为这个时代的重要趋势。虽然，“造物”依旧与某一领域的技能与经验密切相关，但对其背后现实的（或可能的）社会系统的剖析与研究却正在变得越来越重要，“物”与“事”的关系正变得越来越密不可分。设计，正在寻求新的定义。

1. 设计与非设计的边界正在消失

过去，设计一直被归入“大美术”范畴，一直强调的是造型的知识与技能，重“专”而不重“全”，重视动手多于动脑，文科知识涉足得都不多，就更遑论理工科的知识了。这说明设计一直就没有脱离手工业的思维模式。在手工业时代，单个的“物”大多比较简单，材质单一，创作模式稳定，凭一种（或少量几种）知识技能就能完成整个的“造物”流程。设计的好与坏几乎完全取决于对这些单一的知识技能的掌握程度。等到了大工业时代，“物”虽然复杂化了，但社会分工却更细了，设计也变得更加壁垒分明。但就整体“造物”系统来说，以“造型”为基础的设计却越来越嗅到了退化成局部或外部行为的危险，正在失去“造物”行为中的核心地位。

现在，人类的“造物”系统变得更复杂、更强大。“造物”所涉及的知识面变得越来越宽且越来越多元化，仅凭一人之力是无法解决的。事态是网络化的，形态是变幻的，结果是无法预知的。这就要求设计必须从过去单一的纵向专业技能知识中跳出来，使目光在横向的、扁平的知识世界中逡巡，拥有链接各种专业知识的综合思维能力。也许有人会质疑这种演变会冲淡设计的专业性，但我们应该看到，随着科技的发展，很多过去设计师引以为豪的专业技能越来越可以轻易地被“外行”所掌握，应用意义上的“专业性”已经变得模糊并正在慢慢消失。设计学科对手的依赖在减弱，而对脑的依赖却在加强。中心与边缘，已经不由传统的专业技能来决定，而是由人们在“造物”网络中的关联能力和影响力来决定。专业与非专业之间的界限已经被冲垮了，多元的“非设计”专业知识正在涌入设计知识体系之中，设计变得不“专业”了，但整体能力却大大增强了。

其实，在知识世界中原本就没有边界这回事。所谓边界，都是人为的，是人出于认知能力的限制，不得不刻意专注于一个相对稳定的知识领域，以形成专长。但在一个网络化时代，专业之间的界标已然消逝不见。设计把自身从其他学科的社区中孤立出来只会让自身处于更加不利的地位。此时，设计需要学会的是“冲浪”，而不是“砌墙”。

2. 新知识、新技术和新视野是当下设计最重要的驱动力

海湾战争中，据说军事实力排世界第四的伊拉克在看不见敌人在哪儿的情况下，被美国摧枯拉朽般地击溃。由于抱残守缺，没有及时推进智能科技，在20世纪八九十年代曾经纵横世界的日本跨国企业如索尼、松下、三洋等在21世纪初就集体在国际市场上一败涂地。在任何一个时代，科学技术都是生活改变的重要驱动力，但它从未像今天一样成为绝大多数领域的“第一生产力”。今天的设计如果不去拥抱科技，不能把科技的力量转换为设计的力量，无疑会错过时代给予的最好礼物。

就历史经验来看，设计界对于技术带来的变革总是犹豫不定的，往往最后是被技术变革推着走，他们虽然能看到每一次技术变革都会给设计带来便利与机会，但同时也会为原来的知识和模式被边缘化而悲伤。从这一点来说，“乡愁”几乎是所有设计人的通病。但这种局面正在改变，今天，更多来自科技的创造力被引入了设计圈，就像本书中所介绍的，来自互联网、生物技术、新材料、新能源……的创造正在和设计创造交织在一起，设计被渐渐引向了时代的前沿。在一个世纪以前，伟大的包豪斯抛弃了当时依然风行的手工业古典审美，断然投身于大工业的洪流之中，观察、研究并应用了工业革命带来的新知识和新技术，从而引起一场影响深远的设计革命。今天，同样的选择再次摆在了设计人的面前。

今天，我们已步入“知识型社会”（德鲁克语），每个人的知识系统都需要不断地更新。一切都有有效期，工具、领域、视角……都不会例外，这个新世界正处于动态程序之中，我们必须学会适应它。也正是在这些广泛的实验与探索过程中，设计再次启动了它的新陈代谢与肌体更新。

3. 答案与问题的非垂直性思考

设计就是解决问题——大家都这么看，设计师也常常以此而自豪。但这个金句其实是非常误导人的，它预埋了几个非常可疑的前提：首先是解决什么样的问题？答案是现实问题。因为设计被认定为一种应用学科，它应该也只能解决现实问题。其次是解决谁的问题？由于设计通常是一种委托性工作，因此，设计通常只会解决付费方的问题，而不会关照其他人的利益。最后，如果问题本身有问题怎么办？沿着一个错误或者说低级的问题能得到怎样的答案呢？这样来说，难道设计注定是短视的、势利的，而且盲目的？

早先的设计并不必面对如此尖锐的质疑，它靠近社会生产链的末端，动手多于动脑，工作很具体也很深入，但现在设计越来越向社会生产链前端转移，越来越接近一种整合性工作，越来越需要统筹力与前瞻性，却不会被动地被现实牵着鼻子走。这一点，逝去的乔布斯就是最佳的榜样。

此外，商业社会对设计来说也是一把双刃剑，商业一方面在“扶持”设计，可另一方面也在“挟持”设计，把设计驯化为商业利益的“打手”。设计要想摆脱这种命运，就需要从过去单纯的有问题才有答案的逻辑中跳出来，从回答问题到主动提出问题，从被动设计转化为主动设计，甚至从项目的参与者转化为项目的发起者。

社会生活变化如此之快，设计也如逆水行舟，面向未来的设计不能再局限在问题与答案之间的两点一线，也不宜过分强调“应用”价值，“设计行业需要一个强势的研究文化，以此来为设计师们提供一个与其他较成熟学科分庭抗礼的舞台”（Deborah Littlejohn）。

4. 价值观比以往更重要

随着边界的开放以及知识体系的立体化，设计从未像今天这样介入到全面的社会生活变化之中；随着设计向产业链上游的前移，它不再仅仅是项目的实现者，而是开始扮演规划者的角色；更重要的是，随着设计实验体系的成长，设计的主动性与独立性也在不断释放。这些都是令人欣喜的，范式的转型带来了设计力量的增长和设计思维的自由，展开未来想象与实现现实目标之间的距离在无限缩短……似乎一个更伟大的设计时代就在前方，但“力量越大，责任越大”（蜘蛛侠），谁能确定，设计能够担负起与之相当的社会责任，而不会成为一种盲目而危险的力量？

从过去的这一个世纪来看，尽管有过无数对设计的想象力和智慧的赞美，但就整体而言，设计却体现出一种盲目和趋利的特点，建筑师们设计出摩天大楼帮助解决了大都市的人口密度问题，但同时他们也要为大量荒谬无比的鬼城负上一定责任；无处不在的广告促进了商业的繁荣，同时也使得大量的消费者上当受骗；美丽的沙图什既轻盈又保暖，成为上流社会女士们的最爱，但也由此葬送了大批藏羚羊的性命……而今，设计这个孔武有力的雇佣军获得了更大的力量和自由，我们的未来果真会是美丽的吗？

所以，对于今天的设计来说，价值观比以往任何一个时代都重要得多。我们希望看见：城市不会被商业的贪婪所吞噬，人们依然拥有健康积极的社区生活；高科技不仅不会把世界切割成天堂与地狱，还能为那些只能靠低技术生存的人搭把手；互联网的履带不会碾碎所有的历史积淀，在狂欢之后只留给人们孤独与失去真实的悲伤；城市的剩余资源能够被创造性地利用起来，而不是被势利僵化的经济系统所贻误；文化的全球化交汇不会演变为另一种殖民或霸权，而会成为一种新兴的共生文化的开始……除了设计本身之外，这些算是书中的另一个影子故事，希望读者不会只关注表象而忽略了其实更值得深思的东西。

往前看、往后看，我们都不是一代人，但从远处来看自己，我们都是一代人。有些问题可能永远都不会改变：你希望生活在怎样的环境中？怎样实现自我并愉快地跟别人相处？如何创造更有想象力的生活？人生最美的画卷一如诗人荷尔德林所言："诗意地栖居在这片大地上"。设计正在走得更远，但有时它也站在原地。

目录

链接的城市

通过建筑立面激活并联通城市公共空间

怎样把公众的城市从日益割裂的商业诉求中拯救出来?

Connecting Cities

-

Inspiring and connecting the public spaces through urban media facades

怎样在公共空间中疏导公众的表达诉求，让人与人在互动和交流中回归到该有的社区生活？

城市是可以即时链接的吗？

如果把城市中建筑立面当成公共媒介，可以产生怎样的跨社会、跨文化潜力？

NVENIDOS
NUTRICIONAL
RBALIFE
AYUNO
EGA A DOMICILIO
57-09-12-40

andina

德国，柏林
BERLIN GERMANY

奥地利，林兹
LINZ AUSTRIA

西班牙，马德里
MADRID SPAIN

英国，利物浦
LIVERPOOL UK

德国，德绍
DESSAU GERMANY

比利时，布鲁塞尔
BRUSSELS BELGIUM

法国，马赛
MARSEILLE FRANCE

拉脱维亚，里加
RIGA LATVIA

土耳其，伊斯坦布尔
ISTANBUL TURKEY

芬兰，赫尔辛基
HELSINKI FINLAND

奥地利，维也纳
VIENNA AUSTRIA

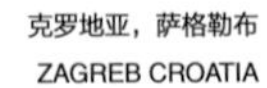

克罗地亚，萨格勒布
ZAGREB CROATIA

如果没有人与人之间的互动，没有社区的活力，城市就只是在地图上很密集的一堆房子。这就是公共空间如此重要的原因。

随着城市的扩张，城市公共空间的凝聚力却不见增长，反而有被日益强大而分裂的商业力量瓦解的趋势。一方面，在地块的规划和开发过程中，建筑外立面的公共性并未得到充分考虑，而被纳入到地块开发商的利益范围之内。这样，由于缺乏激发活力的媒介与环境氛围，城市公共空间就可能沦为公共空地；另一方面，广告等商业媒介对公共空间的大举入侵也进一步压制了空间的公共性。

如何把公共空间从商业的催眠中唤醒？让它重新成为城市或社区活力的引擎？“链接的城市”就是在这样的目标指引下开始的。新媒体技术使这个目标变得可能，而互联网技术则让这个项目超越了原先设定的目标。

柏林公共艺术实验室组织了欧洲的大批新媒体艺术家，打算把公共空间的内立面（也就是建筑的外立面）改造成为新媒体公共艺术的平台，以此来激发社区居民的参与和互动。在取得多个城市以及欧盟的支持之后，通过互联网，不同城市的公共空间、公共活动竟然链接在了一起。

丹麦，奥尔胡斯
AARHUS DENMARK

加拿大，蒙特利尔
MONTREAL CANADA

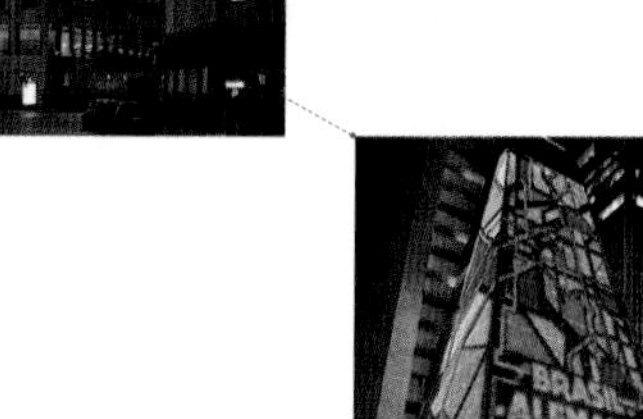

巴西，圣保罗
SAO PAULO BRAZIL

澳大利亚，墨尔本
MELBOURNE AUSTRALIA

m-cult,
Helsinki
Aarhus University
FACT,
Liverpool
RIGA 2014
MUTEK,
Quartier des Spectacles
Montreal
Public Art Lab,
Berlin
Foundation
Bauhaus,
Dessau
Media Architecture
Institute, Vienna
iMAL,
Brussels
Medialab-Prado
Madrid
Ars Electronica
Futurelab, Linz
New York
Videospread
Marseille
BIS, Istanbul
Jerusalem
Verve Cultural,
Sao Paulo

Sapporo
ankok
Hong Kong
Mexico City
Sydney
Federation Square
Melbourne

研究机构：柏林公共艺术实验室	Public Art Lab
国家：德国	Germany
涉及领域：	新媒体艺术 / 城市视觉文化

当几乎所有人的目光都被吸引到社交媒体、自媒体这些虚拟却让人欲罢不能的泛人际交往中时，有些谨慎的学者和专家却从另外一些角度审视这些新现象。

公共艺术实验室（PAL）是一个位于柏林的跨学科非商业性平台，由来自城市规划、新媒体艺术、设计以及信息技术等领域的专家组成，策展人苏莎·波普（Susa Pop）是德国柏林公共艺术实验室总监，也是“链接城市”的创办人，她与一些志同道合的建筑师、艺术家正尝试着在不同的范围内对各种媒体与建筑以及人的关系之间抽丝剥茧，探索新型的人际交往方式以及人机互动模式。公共艺术实验室致力于开发网络化的城市艺术项目，推动艺术的创作过程，同时让公众注意到那些临时用作艺术展示的城市一角。这些项目旨在推动社区发展和市容建设，同时促进城市居民之间的交流。

众所周知，建筑的立面是城市的一张脸，但现在大幅面的媒体墙无疑已经占据了人们的视线，特别是在经济发达的大都市，公众几乎处于一种无奈的被动接受状态。这种单向型、强势的媒体墙，在某种程度上已经有“光污染”趋势的大面积视觉覆盖，加上不断升温的手机阅读、各种社交媒体，使得本来就行色匆匆的都市人彼此更加陌生。

“链接城市”历年的几次调查和公众活动表明，其实在更多情况下，这些商业性的媒体墙也可以通过与企业或社区联合，成为一种新型的社交方式。当然，它最大的特点就是参与的人都在现场，这与虚拟的纯网上交流或者人机互动在一开始就有着本质的不同。人的思想通过某些特定的行为，比如将要表达的短语通过弹弓虚拟地“打”到墙面上，再通过大面积的颜色和其他视觉效果让公众能主动接受信息。从某种角度来说，这类“人—机—人”的多层循环互动方式，在一定程度上减少了人与人之间的陌生感。

当然，无论是这类在形式上更接近游戏的方式，还是欧盟提供支持的多国之间的互动，仍旧处于一个试验性的阶段。然而，无论是游戏类的仿俄罗斯方块、打弹弓，还是观看城市声光投影，这个由不同的国家城市通过各种多媒体技术，将各地的人们暂时聚于一个共同参与的“多国互动”，虽然还是旨在鼓励参与的目的上，但其间的立意却值得认真思索：城市里面的屏幕可以给我们带来怎样的跨社会、跨文化的潜力？怎样去疏导公众的表达诉求，让正常的人与人之间的交流回归到主流生活方式中，让人们更好地感受他们所处的城市，了解周围的环境，更有力度地参与到自己的现实生活中来？

目前，除发起方柏林公共艺术实验室以外，链接的城市（Connecting Cities Network，CCN）共有来自15个国家的17个国际合伙人，他们是：林兹电子艺术未来实验室、马德里普拉多媒体实验室、利物浦艺术与创意科技基金会、包豪斯德绍基金会、马赛视频传播协会、马赛-普罗旺斯2013艺术节、布鲁塞尔交互媒体艺术实验室、里加2014艺术节、伊斯坦布尔人体概念艺术协会、赫尔辛基媒体文化中心、维也纳媒体建筑协会、萨格勒布当代艺术博物馆、奥尔胡斯大学、蒙特利尔MUTEK组织、蒙特利尔奇观区、圣保罗文化神韵组织以及墨尔本联邦广场。

“链接的城市”项目所用的互动工具、技术和媒介，在建筑的外立面上都不存在，苏莎·波普带领团队成员进行了很多工具的开发、制作。有些移动设备专门用做投影，这样一来，城市里的公众每天晚上都可以出去，拿着这些移动的设备在建筑的外立面上互动。

其中，“脑电波的头盔”是一个可以在建筑的外立面上展示人的脑电波走向的设备，还有可以打到建筑外立面上的霓虹灯。苏莎·波普说：“如果没有链接的技术，任何人都没办法链接这七个欧洲城市，这个项目也不会做得这么好。通过这个项目我们发现了社区的参与度，怎么样赋予社区的公众，赋予他们一些力量和工具，更多地参与到人与人之间的交流，更好地感受他们所处的城市，让他们更了解他们周围的环境，更好地创作城市之间的对话。”

从2012年12月开始，“链接的城市”会一直持续到2016年。人们不禁好奇，为什么苏莎·波普要做这样一个项目？“我们希望更好地探索建筑外立面的媒介立面，看它对于社会经济有什么样的潜力。”苏莎·波普补充说，这个项目同样得到了欧盟委员会的支持。

创造一些新的城市交流平台，当然需要很多行业互相合作，比如媒介、IT技术等，这个过程中，其实也增进了城市不同人的交流，里面有很多不同的文化因素。如果没有跨行业的交流，“链接的城市”也许不会如此成功，社区的平台也不会展示任何的商业活动。现在这个活动除了欧洲，也吸引了澳大利亚墨尔本的关注。苏莎·波普表示：“各城市之间进行相互交流，我们同时还开发出了移动屏幕，还有2015年的主题是“可视的城市”，我们会关注产生数据、生成数据。让那些之前的不可行，通过媒介的立面变成可行，这样可以针对环境产生一种意识感。”

● “链接的城市”得到了欧盟2007—2013年文化行动计划、歌德学院、英国文化协会和蒙德里安基金会等机构的支持。

The Connecting Cities Network is supported by the European Union, Culture Programme 2007-2013 and the Goethe-Institute.

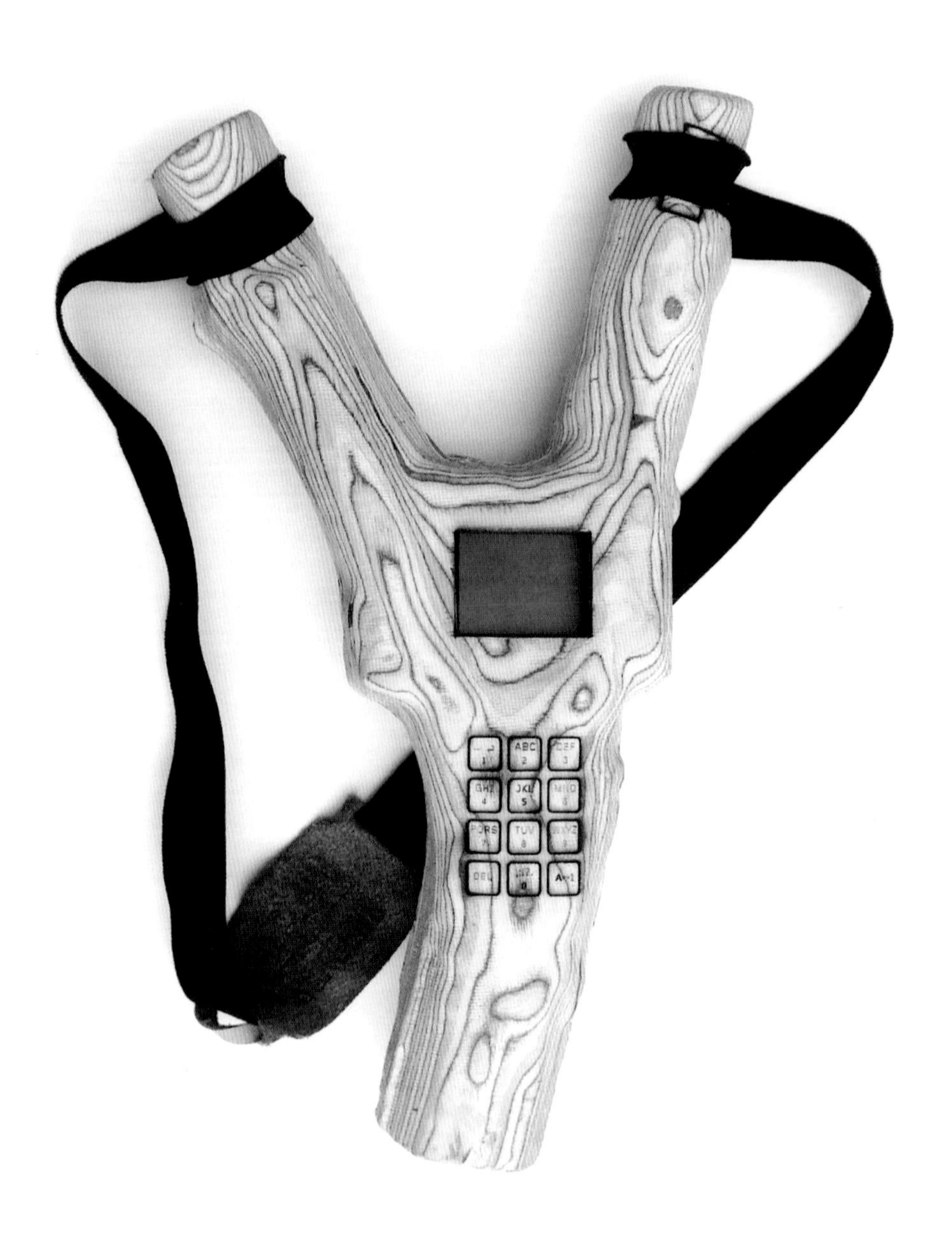
ABC
2
5
TUV
8
DEL

❶《弹弓》

SMSlingshot

作者：VR/urban

● SMSlingshot是一种自动设备，由超高频无线电接收设备、载有arduino开源硬件平台的电路板、激光灯和电池组成。手机大小的木质键盘集成于木质弹弓中，用户可在该键盘上输入文字信息。信息输入完毕后，用户可瞄准媒体立面并将信息径直发送／发射至目标。接下来媒体立面即可出现彩色色块以及文字。

克瑞斯设计了一种工具——能带来城市形象、城市空间的工具——弹弓。在地中海非常有名的艺术圣地开罗，克瑞斯开始了他的第一个展览，展示他个性化的艺术和想法。在这次展览中，他将话题引向改革和梦想，人们把自己的想法写下来，通过弹弓打到屏幕上，这是一次与公众的对话。人们在参加这个活动的过程中感觉非常自由，这个项目实际上是思想的分享与碰撞。

弹弓虽然只是克瑞斯链接城市中的一个工具，但是却蕴含很多高科技含量。克瑞斯设计的这个虚拟小弹弓工艺独特，他介绍说："我们去树林里割下小树枝，都是自然形状的小树枝，我们把它再放到3D的扫描仪上，扫描出树枝自然的形状，并进行梳理，再用3D重新构建这个虚拟的小弹弓，树枝可以被打开，芯片、电线等电路设备被安装在里面。当然，我们没有那么多树枝，有一些是用木头，根据3D扫描的形状做出来的。"

在美国俄亥俄的夏季文化夜，克瑞斯做了同样的项目。3 000多人在广场集会，人们交流的内容也会被投影到大屏幕上，如果不喜欢可以攻击这个屏幕。屏幕上还可以看到情书和短信，他们用弹弓将虚拟的小石头射向屏幕，屏幕上会显示彩色的小炸弹。

○ 制作方：马德里普拉多媒体实验室

○ 采用方：伊斯坦布尔 Amber平台，马赛视频传播协会

❷《千人一面》

Saving Face

作者：Hermen Maat and Karen Lancel

●《千人一面》位于行人川流不息的公共空间，是一个实现近距离网络化切身体验的智能会面设施。该设施利用人脸作为一个有形社交界面。通过接触和抚摸自己的脸，你可以在大屏幕上画出自己的画像。在这个屏幕上，你的脸与所有其他参与者的脸相融合。通过触摸自己的脸，可以生成一个参与形象，而整个网络中每一次新的面部触摸都会让这个形象不断发展，直到所有人的形象边缘开始模糊成一片，然后个人信息和文化背景都会被输入一个不断壮大的数据库中。

○ 制作方：柏林公共艺术实验室

❸《云中相见》

Ready to Cloud

作者：The Constitute

●《云中相见》是一项新材料试验。组织利用经过特殊改造的制雾器、互动技术和投影仪，寻求大屏幕和界面以外的城市空间。根据《雾中相见》的创意，即创造人与人之间的数字化第三空间的概念。这项设计的目的在于让两个城市通过云雾实现实时交流。《云中相见》在变化无常的云雾中传送并变幻参与者的身形，让他们在云雾中以非实体的方式短暂相遇。在云雾中，他们可以相互触摸并互动。这项设计探索了介于二维空间中的新空间，并创造出一个新的虚拟的相遇场所。

○ 制作方：柏林公共艺术实验室

○ 采用方：利物浦艺术与创意科技基金会
包豪斯德绍基金会
2014 里加基金会

❹《支配大师》

The Puppet Master
作者：Joan Mora and Chema Blanco

●《支配大师》是安放在公共空间中的一个数字互动艺术设施，让使用者，即支配者，身处一个私密空间，与公共空间中的市民（也就是受支配的人）交流。这种交流利用摄像机和数字交流界面实现。这个艺术设施的设计旨在促进支配者与受支配者之间的类似游戏一样的交流。支配者可以使用全套创意视觉工具和特效愉快地与大街上的人互动、协作，然后根据大家的反应，调整交流方式，从而实现并创造独一无二的个性化体验。

○ 制作方：马德里普拉多媒体实验室
○ 采用方：伊斯坦布尔 Amber平台
马赛视频传播协会

❺《怪物出没》

Connecting Monsters
作者：H.0

●《怪物出没》是一个创造怪物的艺术设施，住在城市中的普通人通过语言在符号媒体界面上激活这些怪物，让建筑变得有生命，其他无形物体变得可见，这些赋予生命的东西对公共场所的人和汽车作出反应——一个迫切希望展现其存在感、活动和与人交流的动物就出现了。这些怪物就如同媒介，向不同地方的人表达着每个城市的情绪。

○ 制作方：奥地利电子艺术节（林兹）
○ 采用方：伊斯坦布尔Amber平台

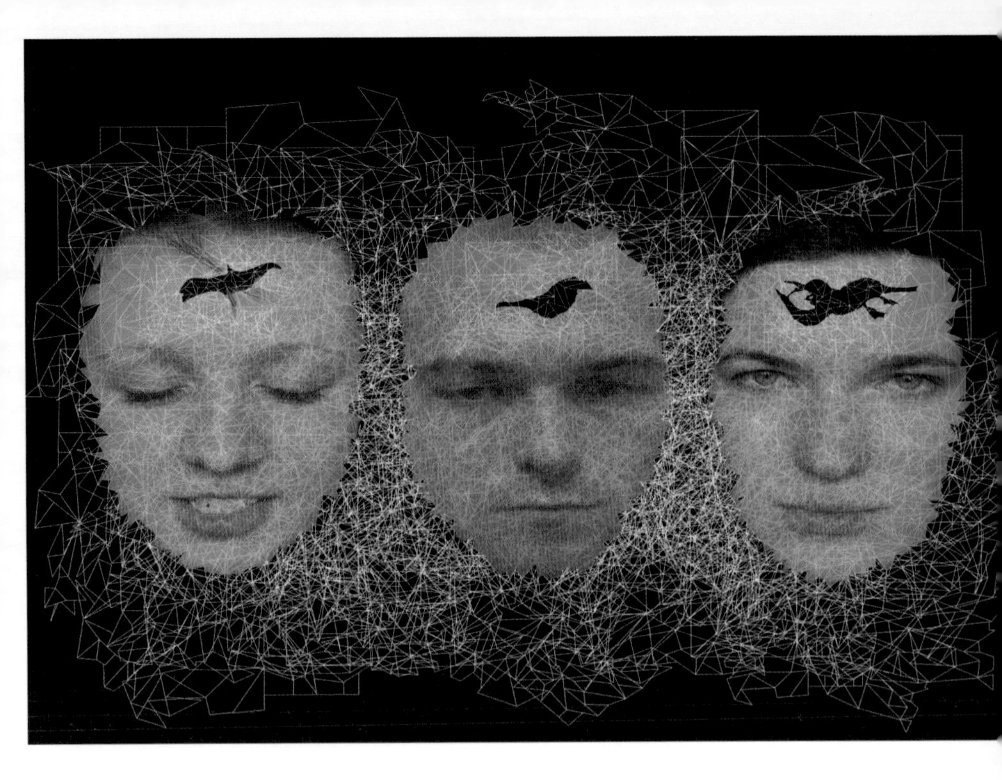

❻《认识欧洲》

Meeting Europe

作者：Ideju Instituts

● 提到一个从未去过的城市时，人们总是禁不住在头脑中想象那些著名的旅游胜地。Ideju研究所从正面角度重新诠释了这种想象，设计了一种互动工具来认识欧洲大陆。在这个过程中，行人可以成为表演者。参与《认识欧洲》的人提供自己的面容和表情来生成卡通人物和代表各国的典型符号，利用彩色电脑图片来丰富那些结合了现场情景和录制情景的想象空间。通过轻松的机动性多文化呈现方式，公众可以成为小故事、讽刺叙事和各种尝试体验的主人公。

○ 制作方：2014里加基金会

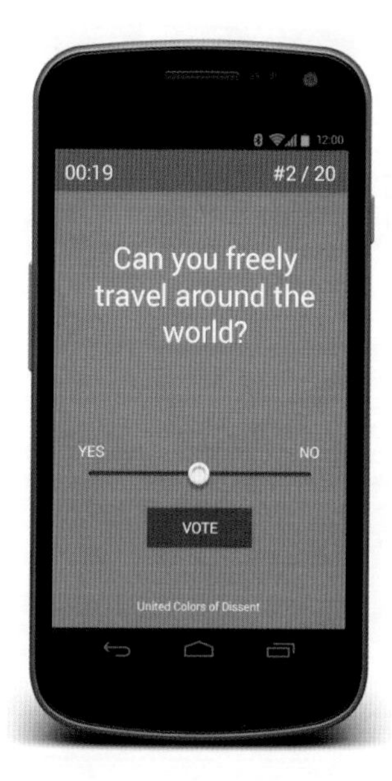

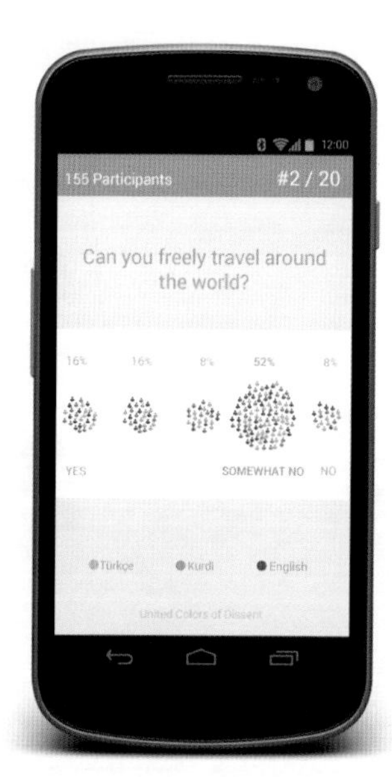

❼《异议色彩的联合》

United Colors of Dissent

作者：Mahir M. Yavuz and Orkan Telhan

● 土耳其艺术家Mahir Yavuz 和Orkan Telhan 的作品《异议色彩的联合》出现在伊斯坦布尔的骚乱之中，为人们提供了一个言论自由的工具。多语言手机应用程序配以简单的问题让人们在不为人知的地方，在不透露身份且受保护的情况下，发出自己的声音，提出自己的观点，并在城市的大屏幕上给出答案。但这个设计不仅让言论自由在城市空间中得以实现，同时还展示了城市地区的多语言性和语言障碍。

调查活动围绕着主流媒体中收集来的内容提出一系列问题。城市大屏幕作为一个公共交流的场所，让人们可以相互学习，使得不同语言和身份的人聚集在这个多文化的公共论坛上。

○ 制作方：伊斯坦布尔 Amber平台

○ 采用方：奥地利电子艺术节（林兹）
马赛视频传播协会

❽《主仆监控系统》

Master / Slave Invigilator System
作者：Jeremy Bailey

● Jeremy Bailey可以同时出现在欧洲各地。只要随便走走，你就有可能遇到这位加拿大艺术家，并受邀体验一次“链接的城市”之旅。他是如何同时出现在两三个甚至四个城市之中的呢？Bailey的“仆人”会多次带领市民参观“链接的城市”的作品或设计，而Bailey的面容会实时出现在仆人们头上戴的屏幕上。同时，Bailey仿佛分身有术，通过数字链接随时监控现场。这种方式对于Bailey来说也并不容易，因为他只能通过交互数据流看到不同城市的游客并指引他们。

○ 制作方：利物浦艺术与创意科技基金会
○ 采用方：布鲁塞尔交互媒体艺术实验室
柏林公共艺术实验室

❾《望远镜内外》

Binoculars to... Binoculars from...
作者：Mar Canet and Varvara Guljajeva

●《望远镜内外》是一种以独特的方式连接若干城市的作品。当你透过望远镜观看时，你所看到的并不是眼前的实际情景，而是另一个城市的样子。这种通向其他地方的实时窗口并不是单向的：当你通过望远镜观看时，你眼睛的图像会被设备捕捉，并显示在你所观察的城市的大屏幕上。所以那里的居民可以看到一双放大的、四处搜寻的眼睛正盯着他们。

○ 制作方：利物浦艺术与创意科技基金会
○ 采用方：奥地利电子艺术节（林兹）
马德里普拉多媒体实验室
德绍及柏林公共艺术实验室
布鲁塞尔交互媒体艺术实验室
赫尔辛基媒体文化中心
墨尔本联邦广场及 2014 里加基金会

⑩《WeTube》

WeTube
作者：Sander Veenhof

● WeTube系统是一个独特的合作型城市间人员搜索机制。它可以帮助使用者从浩如烟海的YouTube内容中发现有趣的内容，而这些内容不易通过一般的已知关键词搜到。

WeTube让参与者体验到一种猜测其他城市的人并与之交流的游戏。这种游戏的基础就是人们之间的合作与相互联系，他们可以在城市广场以肢体语言、手势和可见物体表达自身，而网络上的人可以通过网络界面传输图片进行表达。

○ 制作方：布鲁塞尔交互媒体艺术实验室

⑪《村子》

The Village
作者：Pippo Lionni

● 新的一天开始，整个村子也醒了过来。人们开始活动，吃着早餐，孩子们准备上学。天空中传来飞机的声音，然后炸弹落下。村子中到处是尖叫和奔跑的人，但人们应该去向哪里？村民如何才能逃脱？只有城市大众才能帮助他们。参与游戏的人可以帮助这些图片中的村民逃跑：可以给他们指路，或者拦截炸弹。如果参与者袖手旁观，那么村子便会一个接一个地消失，直到一个不剩。

○ 制作方：马赛视频传播协会
○ 采用方：2014里加基金会

⑫《“骑行”欧洲》

Trans Europe Slow
作者：Sergio Galan

●《“骑行”欧洲》提供了一个观察城市的不同视角。这项设施让观众可以通过一个有踏板和屏幕的长凳以及市内骑车人携带的摄像头来体验一种虚拟的骑车兜风感受。这个设计的基础在于活动支持者和当地社区的密切合作，这种合作让艺术家骑车旅行在城市，并根据所见所闻，用个人叙述来丰富旅程。“横贯欧洲”想寻找那些不局限于名胜古迹，而是能够讲述当今故事的地方。这种移步换景的骑车旅行可以探索各个欧洲城市，让这些城市相互联系，同时强调各自的异同。

○ 制作方：马德里普拉多媒体实验室
○ 采用方：赫尔辛基媒体文化中心
利物浦艺术与创意科技基金会

⑬《罗宾汉》

Robin Hood
作者：Robin Hood Minor Asset Management

● 罗宾汉是下层人民的投资银行。罗宾汉辅助资产管理公司的创意（和名称）取自罗宾汉劫富济贫的传奇故事。通过数据挖掘和可视化技术，这项作品让人们了解如何购买股票。这些产品投在那些所谓“寄生虫”优选的股票组合中，其出发点在于让人们认识到在当今日益增长的金融经济中，市场是由一小部分银行掌控的。这项作品发起了一项互动活动，其中包括一个为期3天的讲座和安放在城市中的作品本身。

○ 制作方：赫尔辛基媒体文化中心
○ 采用方：马德里普拉多媒体实验室

文字的并存

多语言文字排版设计

Multilingual typography

-

Coexistence of different type system

能否以自身表达系统为基础呈现不同语言和文化背景的信息、架构和设计？籍此确保这些系统平等并存？

到此課題 qui me tient vi
s analysée, celle des Bildes. Je me perm
langue, 不恰當 scheinen wird. Je
d (1499), Robert Slimbach (2005)
rant le te
會議, und ohne
eine 瑞士式
語言 romanz
Fontdesigner: Albert-Ja
en Sprachen u
ance, 詞匯 auszu
s ou moins procédé ainsi um
inzige langue véritable
rich Schmidt
gues ou des d
es heutigen

创建一个新的、独立的、非霸权地位的视觉文化是可能的吗？

如何在同一版面中合理地配比双语或多语言文字？

également de
French Accent «aigu»
ers eux an der cu
re d'image, de la ma
PECIAL TOOL',
Quotation Mark
spezifisc

全球化背景下，哪些实践、知识以及跨学科和跨文化的技能需要进行再创造和再设计？

壹
A PRAZO
年
DE
期
UM ANO
滿

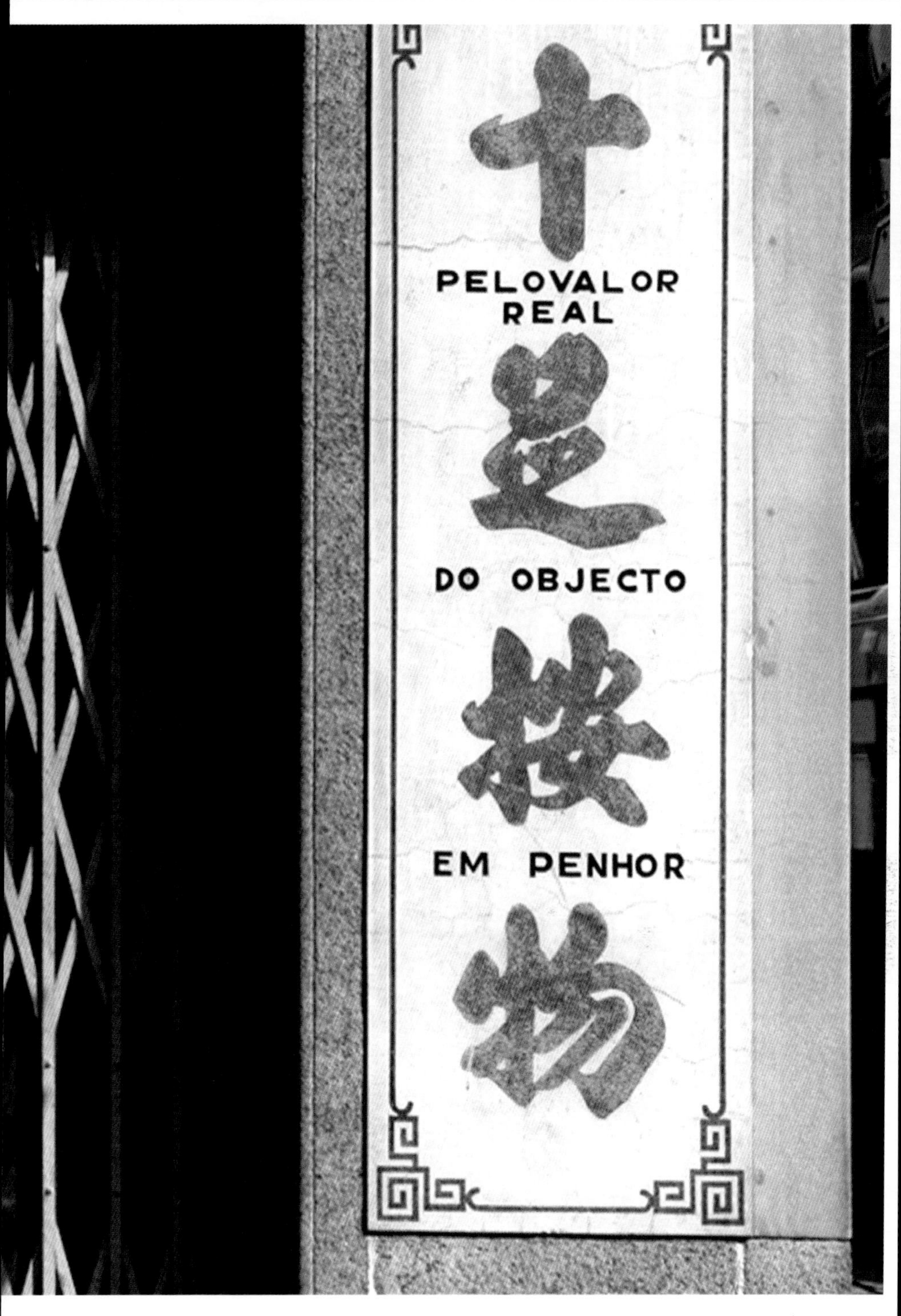
十
PELOVALOR
REAL
足
DO OBJECTO
按
EM PENHOR
物

火鍋海鮮酒家
營業
美心
MX
漫畫
香薰村
大家樂
CAFE DE CORAL
am
上午 7
midnight
午夜 12
CHICKS
尚书房
大陆图书杂志软件

CITICALL
學生書屋
買賣舊課本
維珍
大快活
Fairwood
Levi's

537
东
E
524
复兴
Fuxing

539
西
W
路
(C)

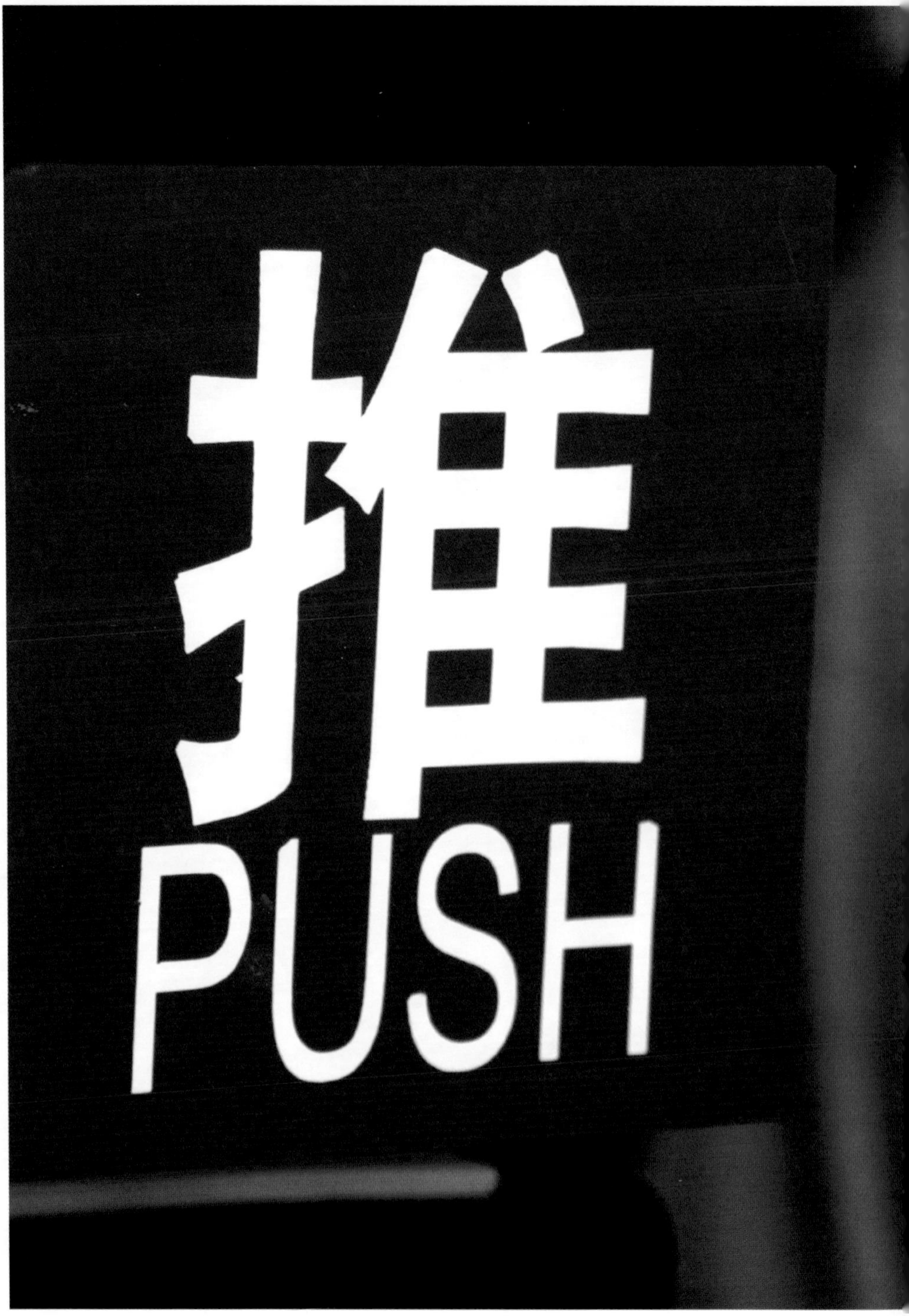

推
PUSH

打开电视、翻开报纸、上网看看，国际纷争从未停止，甚至愈演愈烈。似乎一切事实都在印证着塞缪尔·亨廷顿的判断，人类世界冲突的根源就在于不同地域文明之间的观念冲突。走上街头，路牌、店面幌子、街角的报刊亭，上面的文字都是双语或多语的，似乎也在旁证着：瞧！文字也是一样！

确实，当今世界上，文字的双语或者多语运用已经成为普遍现象。由于不同文字的形态基因不同，在并行使用的时候很难遵从一种排版规则。当然，其中最普遍的问题是：现行的排版规则和排版软件都是基于字母文字系统开发出来的，其他的文字形态在跟字母文字并行排列时总会感觉有些别扭，或者被系统所排斥。这也进一步引发人们对西方文化霸权的担忧，甚至有人认为，全球化是一个西方的阴谋，殖民方式也升级了——文化殖民的方式。

无论你怎么看，我们确实生活在一个全新的世界中，文明、文化乃至文字的冲突都是切实存在的。就目前来看，任何一个非西方的地域文明都会面对渴望现代化和抵制西方化之间的矛盾。而西方文明也需要超越所谓“优势文明”的傲慢，从全球化资源中完善自身，从中获益。

如果我们把文字看成是文明的缩影，也许，今天我们在文字冲突之所见就是文明冲突之所见；我们在文字冲突中的心态就可能影响到我们在面对文明冲突中的心态；而最终，我们在文字冲突中所获得的智慧也必将转化为面对文明冲突时的智慧。

日内瓦艺术与设计大学的吕迪·鲍尔（Ruedi Baur）教授和他的团队对不同文字的排版与共存问题作了多年而集中的研究（尤其是在字母文字与中文之间），也取得了实质性的成果。也许，这个问题不应该由一个人来回答，让更多人认识到这个问题对未来的重要性和现实性，这才是“文字的并存”这个命题的意义。

研究机构：日内瓦艺术与设计大学	Geneva University of Art and Design
国家：瑞士	Switzerland
涉及领域：	平面设计 / 城市视觉文化

在全球化的今天，商品、人员及知识的流动空前迅速，亚洲字符、拉丁和阿拉伯文字符号同时混杂使用的情况越来越多。作为文化符号网，无论是在大学、展览会、机场、国际机构还是在现代城区，不同类型的文字符号共存正逐步影响我们城市环境的视觉语言。这种新的多语种背景成为改变视觉沟通的基础，也意味着每天在我们的设计实践中都会应用到它。来自各个文化背景符号在同一媒介的共存，是一个目前仍未涉广探深的课题。在知名平面设计师吕迪·鲍尔（Ruedi Baur）的带领下，多语言文字编排研究团队启动了他们的最新研究。

在对待城市规划问题的时候，设计师吕迪·鲍尔更喜欢用“视觉语言（Visual Language）”这一字眼。他试图通过视觉系统工程改善未来城市空间的可读性，改善人们对未来城市空间中复杂元素的内容理解。

早在1989年，吕迪·鲍尔创立了Intégral（微积分）设计工作室。众所周知，微积分是一种数学表达方式：与一个集体争锋相对但同时又不抹杀分集之间的差异。吕迪·鲍尔的“微积分”就是要处理与识别、导向、展示和信息这四大方面有关的问题：“我们与建筑师、城市规划师合作，我们努力创造一种视觉语言，这种视觉语言能够实现某些地点的个性化，无论是地区、城市的一部分，公共机构，还是临时的展览场所。”

2012年迄今，多语言文字编排研究项目探讨视觉标志在不同文化背景下的使用和发展，着眼于它们如何并置或如何相互关系等问题。在全球化背景下，哪些实践、知识以及跨学科和跨文化的技能需要以适当的差异化方式进行创造和设计？能否以自身表达系统为基础呈现不同语言和文化背景的信息、架构和设计，藉此确保这些系统平等共存？如何运用符号在特定文化和符号环境下的视觉参照？如何架构拉丁字母和汉字符号的比配方法？由瑞士国家科学基金会（SNSF）提供资助的第一研究阶段——中文与拉丁文字的并存（2010年5月至2012年4月）——以特刊形式载于《瑞士字体设计画报》（*Swiss Typographic Magazine*）。这也是对初步研究的扩展延伸。

吕迪·鲍尔的目标是吸收不同文化的各类特征，开发并呈现出有效互动，包括在平面设计、照片、图表报告、绘图和计算机图形以及符号表达等方面的新形式。这个深层次的创新旨在促进跨文化交流，在消除偏见和文明层面的前提下促进多语种共存环境中的信息表达和信息平衡。从这个意义上讲，"文字的并存"项目更像是在不同文化之间建立的一座桥梁，在增进各国人与人之间的相互理解的同时，也架起了通往未来城市的可识别之路。

跨文化并不能通过一个自给的、固定的"地点"来实现，而必须在与别种文化不断地交流中形成，否则无论哪种语言都不过是一种形式上的声明。各种来自亚洲、拉丁字母区、阿拉伯语区的文字随着全球化发展愈趋愈近，在大学、展会、机场、整个城市中结成一景。一些稍欠思考的案例，则在英语的"霸权"背景下，将英文字体系统当作"标准"。恰恰是这些问题，让吕迪·鲍尔的团队意识到：人们更应该将关注点集中在如何让各种特殊的、对等的多文字并存成为可能，而不是发展成一个标准一致的系统。吕迪·鲍尔旨在发展新的、独立的、非霸权地位的视觉文化。

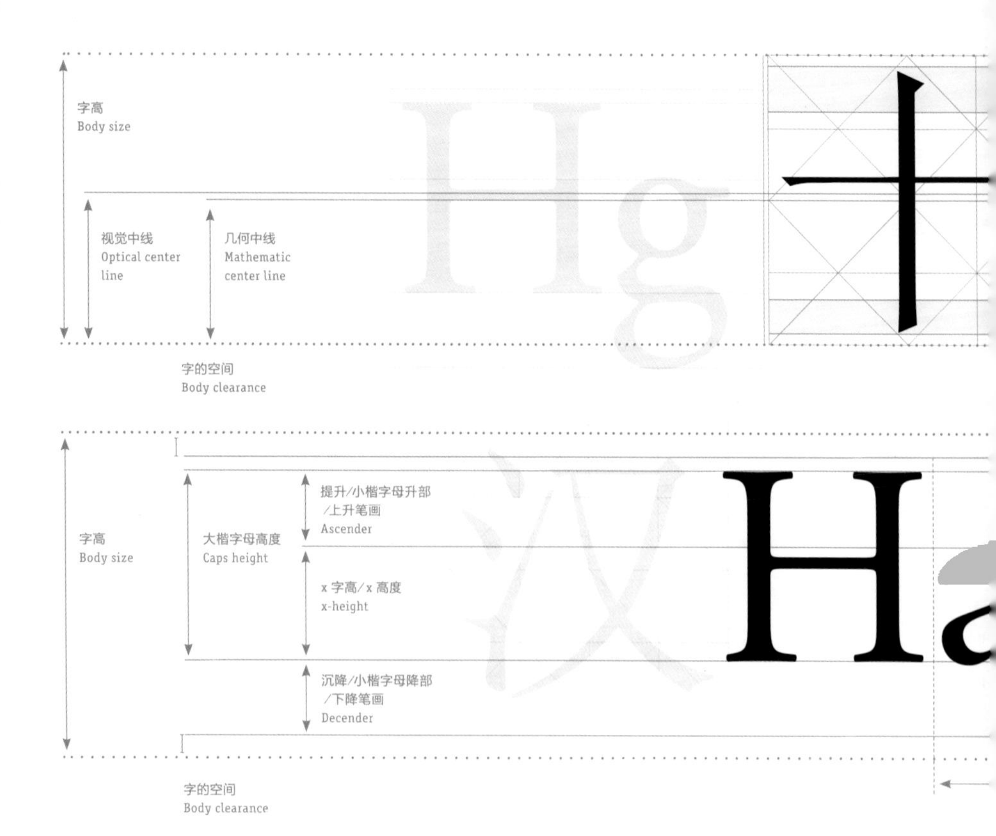
字高
Body size
视觉中线
Optical center line
几何中线
Mathematic center line
字的空间
Body clearance
字高
Body size
大楷字母高度
Caps height
提升/小楷字母升部/上升笔画
Ascender
x 字高/x 高度
x-height
沉降/小楷字母降部/下降笔画
Decender
字的空间
Body clearance

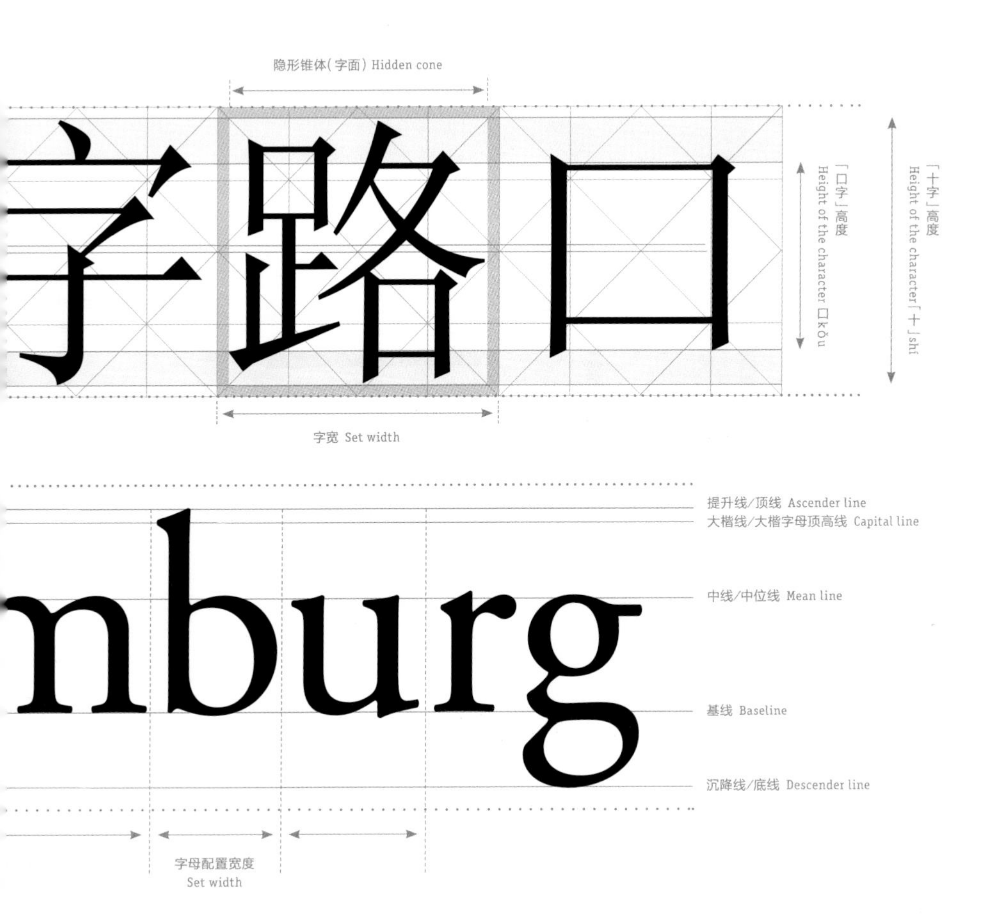

● 英文版的InDesign可以将文字行以基线网格对齐。在中文版（同日文与韩文版）中，可以将视觉中线作为基线，这为中文排版带来了方便。但基线与视觉中线之间很难结合。

英文字体决定性地适应基线与x字高度。中文字体适应视觉中线。基于视觉规律，每个汉字的高度与宽度都不一样：在“十字路口”几个字中最高的是“十”和“口”字，最矮的是“口”字（别混同“口”字）。特例如：“一”字，还有些标点符号。

● 每个印刷体的拉丁字母都有与其相应的空白位。大写字母会进行视觉调整：有时会增加空白位（如在H和L之间），有时则会减少（如在L和T之间）。与中文相对应，可称其为“外部间距调整”。

● 中文字是等宽的，但每个字都隐含了调整过的字间距，无需再进行加工。只在少数情况下需要对其进行调整以使版面美观。在此，我们称其为“内部间距调整”。

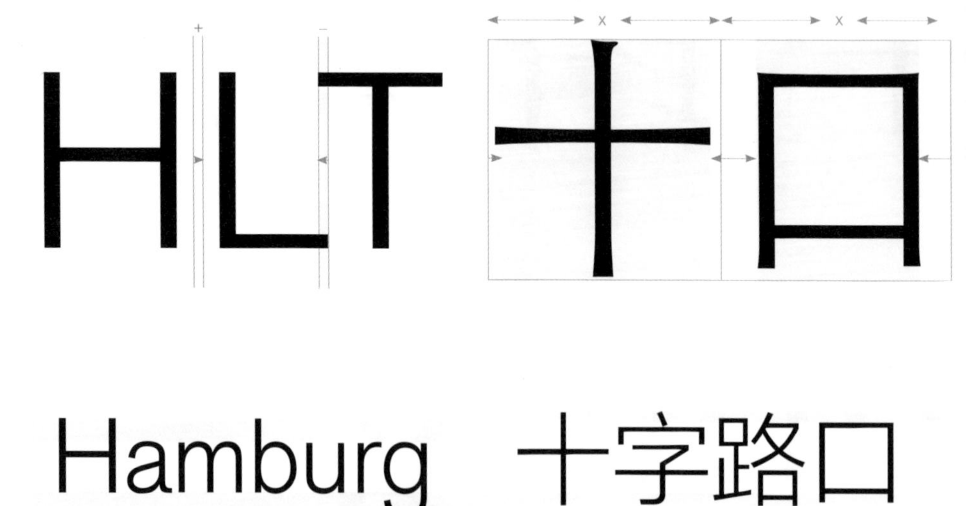

HAMBURG 一二三十

● 英文大小写字母并存时，字母的高度会不规则，表现在提升、沉降，以及X高度（中间位置）和基线方面，从而使文字有一种动态的感觉。在中文中没有这个概念，但我们还是可以说：汉字的高度是居于“十”字和“口”字之间。在这两种系统中这些字（还有“三”字）可以在高度调整上提供帮助。

● 当中文字与拉丁字母大小不一时，在多语种的排版中要达到一种平衡。这时要视具体情况以及不同语言混合的程度而定。

The spaces between the words are useful. We need them to be able to read faster - and not to make so many mistakes.

Mota Italic Vesper Light, Latin extended, 41

字間的空白空間非常重要——它為閱讀提供了方便，同時也會減少誤解。

Kozuka Mincho Pro Medium, 43

英文 English
中文 Chinese

● 在拉丁文字的排版中，单词及其他元素由空隔相隔。在汉语中字间没有空格，空白位由标点来实现，其中破折号甚至要占据两个字符。比较两个系统中空白空间的使用，结果大同小异。

多语种媒体：文字并存的度
Multilinguale Median: Grade der Koexistenz

在中国的当代标准

汉语与拉丁文字系统并存在平面媒体里，从根本上分有两个面，一面是顺应通常语言的标准，另一面则旨在文字并存中特意地演绎。正如现代汉语文字排版所趋，前者乃西方语文（如：拉丁语）和汉语元素的并存关系，除拉丁字母外，日语、韩语及其他元素与中文的组合亦有出现。在这种自然的并存关系下，出现了汉语文章里夹带了阿拉伯数字或者来自西方的标点符号的现象。值得注意的是，阅读这些符号的时候人们并不使用外文，而使用中文读法。从而可以看出，当代的汉语编排本身是多种文字的（multiscript），与多语言（multilingual）相异。

文字并存的第一种程度

如果一篇中文文章中不仅出现了数字（如年代），也出现了其他语言（如英语），就涉及了多语种文字排版。比如在提到城市名称日内瓦时，为方便导航会将其原文用括号括起来注在其中文名称之后。地址也一定要写原文，否则邮局无法投递。在汉学、哲学以及文学领域，如在论语的德文译文中，汉语词汇随处可见。这就是一种被特意使用的、经济的并存关系。这里所谓的经济，所指仅表述两种语言中被认为最必要的信息。

● 混合代码：文字并存的第一等级与Keith Tam描述的《混合代码》类型相对应：一种语言嵌入在其他语言的句子中(单词，句子片段)。标准：第一等级和混合代码之间的过渡是否流畅，根据作者的写作风格而定。

● 不同的文本长度：如果全部文本同时用两种语言呈现，排版上会出现大段空格。

文字并存的第二、三种程度

一篇文章用两种不同语言同时呈现时，文字并存的演绎也就出现了。所有特意用双语种排版的交流媒体都列属其中。那么问题就随之而来：这些语言互相交织的度在哪里呢？对此，双语的并存兴许可分为如下两个不同的度：第一种度是两种类型的语言在同一个媒体中并非相互交织，而是相继出现(例如多语种合同文件)。这种形式往往出现在文章段落、章节或者在双页文本(左右页不同语言，以内页边为界)中。即便一个文本使用了多种语言各自发表问世，广义地来说也算是第一种度的语言并存。第二种度乃是有意地建立语言类型之间的关系(使用不同语种的左右或者上下编排……)，以制造两种语言的对话。这种编排方式可在非常微妙的层面上增进跨语种之间的互相信任与交流。

此类编排方式中以下三个问题相当重要：首先，这种正字法文字编排是否在双语中得到了同等的对待，而受众以及同行能否在各个方面满意呢？是否此间涉及的每一种语言类型都各自成立，且表达充分了呢？其次，这种编排是否重在整体？系统地面面相较之下，所使用的媒介是否具备其应有的功能性，抑或已然妨碍了阅读习惯？双语的运用在整体字面（布局、段落间距）上是好是坏？是否仍维持了平面张力（信息多易分散接收力）？哪些地方可以减除？哪里又可以整合？再如图片和图片标题是同时出现，还是文本中不同的文字对应各自不同的图像，以达到双语排版上的互补作用？这样就出现了各种复杂的编排可能性，也是对“翻译”一词其明确性的质疑。最后，多语种编排是否影响到该传媒的美？是积极还是消极的？

文字并存的第四种程度

第四种程度的文字并存，是语言及文字系统（scripts）缘自创意性、交流性或政治性的强烈混合——人们必能直接地感知到视觉文化中的互动、融合与透明化，同时

● 语言的顺序：在这个例子中，汉语得到优先考虑，是因为必须先找到文本的开头才能阅读英语。

也会面临一些语言、文化交融的谜思，而这些谜思作为别具匠心的文字编排的表达方式，正演绎了语言、视觉以及文化密码间的互补互动。

在所有第四种程度的例子中，各种语言文字的同时呈现，也要求了文字编排必须意识到文字、句式以及图像之间的关系。

中国字

中国古代，人们使用的书写材料不是纸张，而是“竹简”。人们将多个竹片编连在一起，从上至下，从右到左，在竹片上书写或雕刻汉字。在书籍普遍印刷之后，这种传统的书写方式依然可以见到（比如在一些古书籍中）。古书籍中的线型框格如同竹片之间的缝隙，“鱼尾”符号标明折页基准，它指示的“版口”包含书名和其他卷数信息，这些信息虽然有一部分直接印在了折线上，但仍可以看得很清楚。古书籍经过世代流传，也不断地被添加了各种注释。这些评注不仅更好地传播了原文，也应对了新思潮的批评。评注成为中国古书籍中的固定部分，并且很早就被直接写进了版面，一行原文中插入两行评注，评注提供一些相关的的信息，大小为原文字体的一半，仿宋体，通常和线型框格一样的红色（与黑色的原文形成对比）。评注和原文因此而产生的内在联系，在语言、逻辑和视觉层面上增加了中国古代经书翻译的难度。原文与评注相互交融的方式，也为当今中国印刷媒体中运用拉丁文字的方式提供了一个原始佐证。

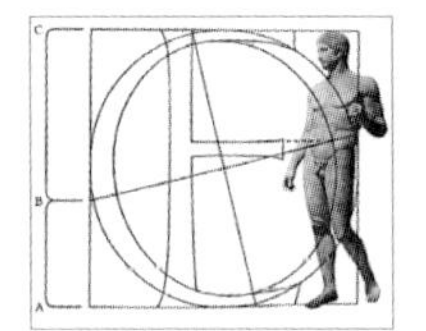

图1

空间结构 ——“暮”上下结构

图2

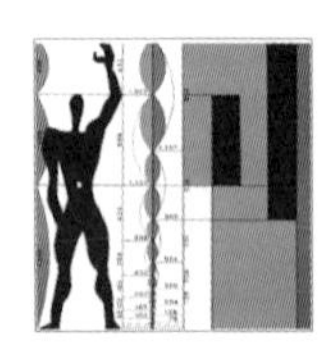

图3

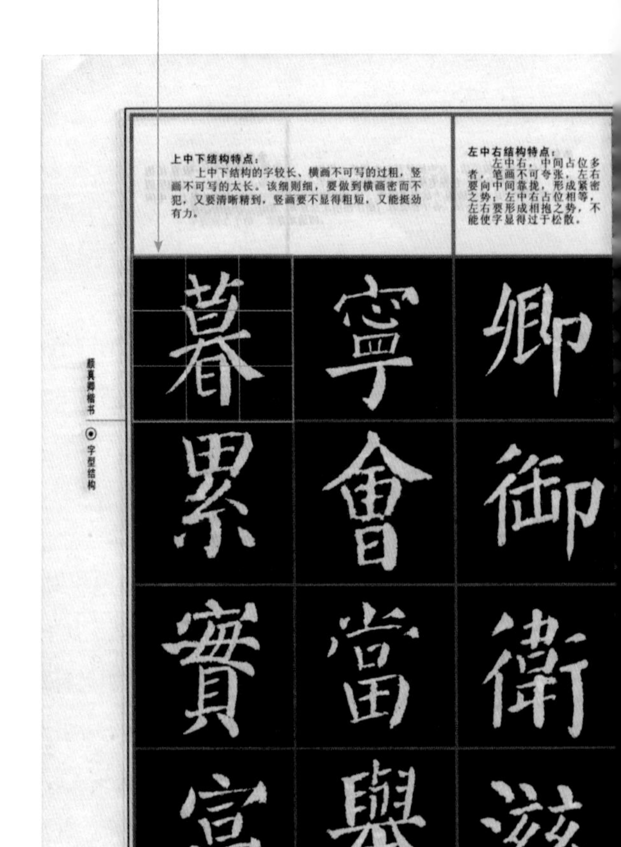

图4

该主题引用文献

→Kaech, W.（1956）字母的韵律和比例。奥尔滕：Walter。（图1、图2）

→Kapr, A.（1989）书法：拉丁字母的历史，构造和美。（第4版）慕尼黑：Sauer。

→图3：Le Corbusier模式；图4：Wade. Yü yen tzu erh chi：一门循序渐进的课程，旨在帮助学生了解首都及大城市地区所说的汉语口语：共三卷，第三卷，1886年。

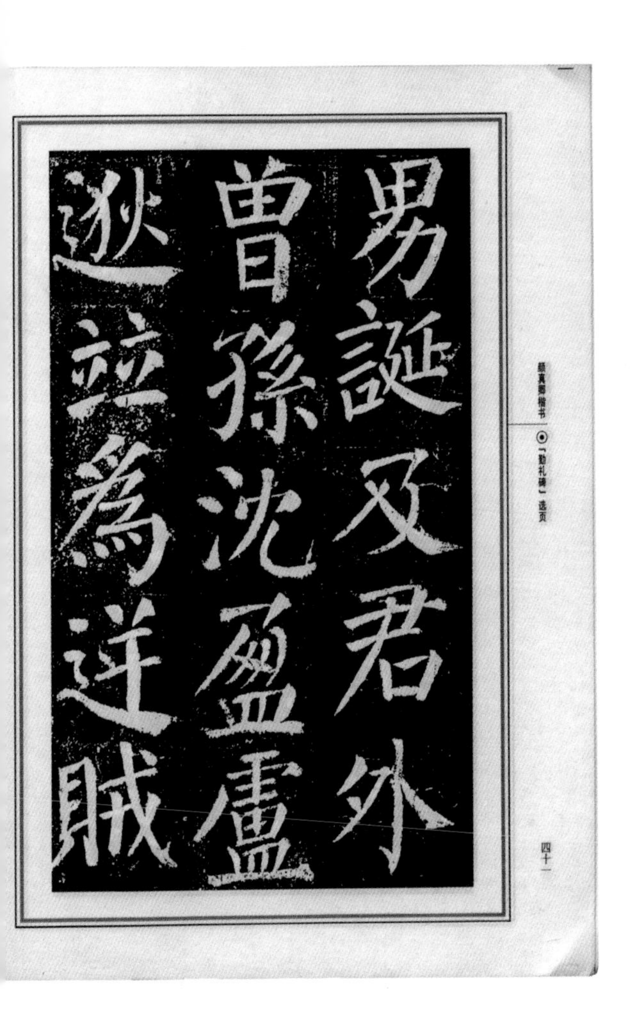

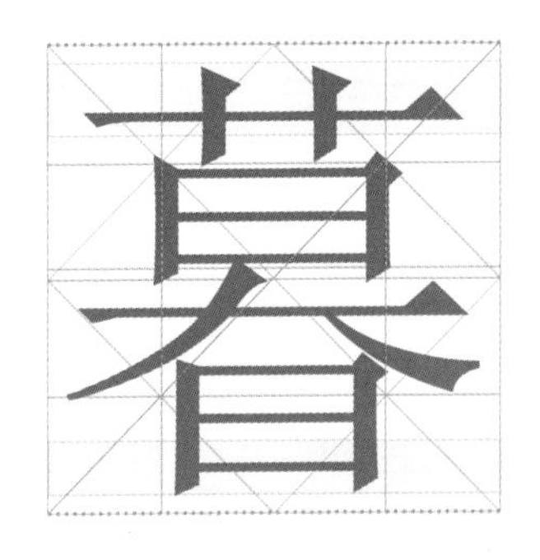

● 比例永远是相对的，不存在绝对。所以不仅要计算字体系统内元素间的比例，而且也要计算不同字体系统之间的比例。人们只有通过一个相对的基础的工作才能对比例有一个总体的了解。存在着不同的因素，比如比例的可了解性和继而存在的可设计性。这些因素来自于一种意识，这种意识是关于书写工具对于字符的影响和应该如何最优使用来提升字符的阅读性。

● 下划线在这个例子中被放置在字符的右边缘，但合乎时代的竖排句却总是将下划线运用在左边。标点一般被插入在字符间的右边。在排版中大多数情况下它们被居中放置。

● 标注黑框的黑色方格代表不好的字体的方法，在中国的木板印刷中很早以前就已经出现。相反，在很紧的原文中，说得更确切些，在评论行中，它们建立了一个为了构造必不可少的音调而设置的静止的中心点。

图 1

关联的设计→多语言媒体→汉语排版，第 63 页

该主题引用文献

《注解/评论》→Peter Lombard: 注意事项，1225-1250

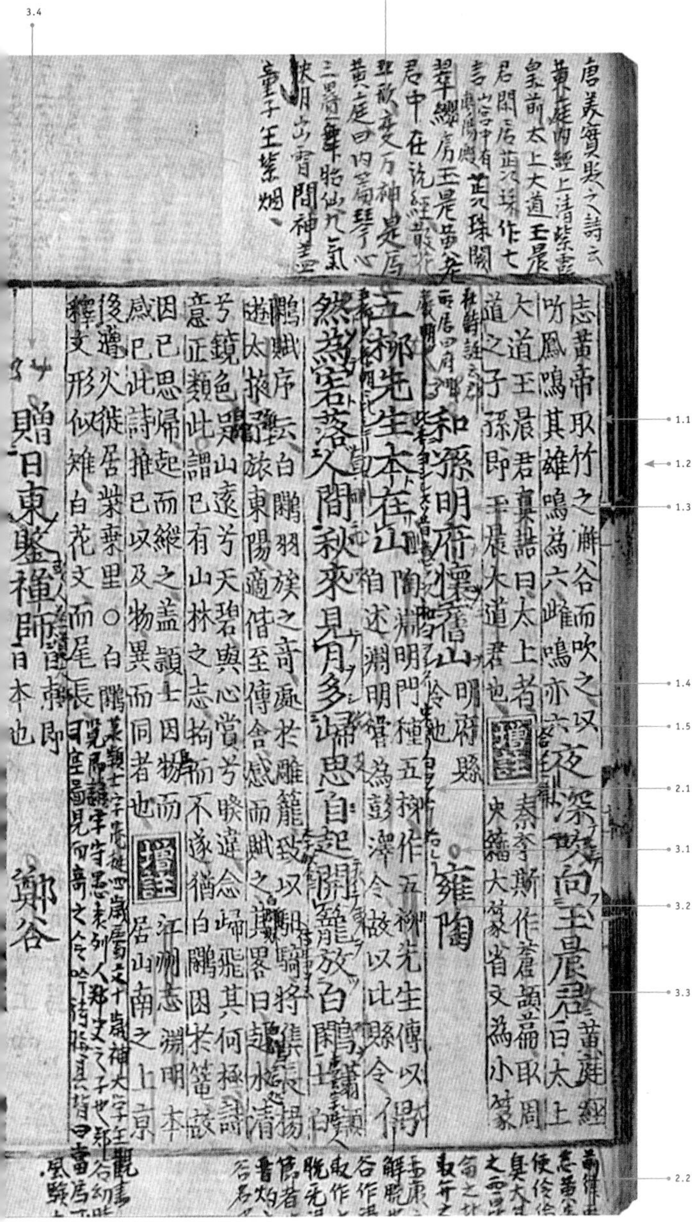

● 竖排的意思是竖写的中国字以从上到下的阅读方向以从右到左的行的顺序排列。「从后到前」完整地翻阅竖排书籍会觉得它像一本阿拉伯书籍。基于实践，今天书脊（上的文字）依然被纵向排列，为了阅读顺序不被打断，拉丁字体往往向右90度旋转。

● 日本评论诗集中的跨页。第一眼看上去像是一个特别简单的书心的部分，其实更精确地形成了相互作用的不同平面：背景由黑色印刷(1.1–1.5)并配有直线网格(1.1)，普遍性的导航和鱼尾(之后被裁切，1.2)，单行的较大的印刷的正文(1.3)，双行的较小的印刷的批改，以及注释(1.4)以及关于注释文字，以及在方框(1.5)中不好标的指示。进一步的层次是通过一个或者更多读者之后通过手写来添加的(2.1–2.2，3.1–3.4)：靠近深红色的日文假名注释(2.1)的位置可以看到被设置在直线网格(2.2)的内部和外部的黑色的解释和补充。最高的层级是用红色墨水手写的(3.1–3.4)。这样做的原因是为了后来插入的标点(3.1)，带有警示功能的下划线以及为了接下来的文字补充(3.3)，还有被揭示的阿拉伯数字(3.4)。这本印制书已经是多层次的了，在书中的原文已经是一种合乎时代的表达，比如规律地插入评论。这种做法会被一直延续，书籍以这种方式持久地保留了这种举动。

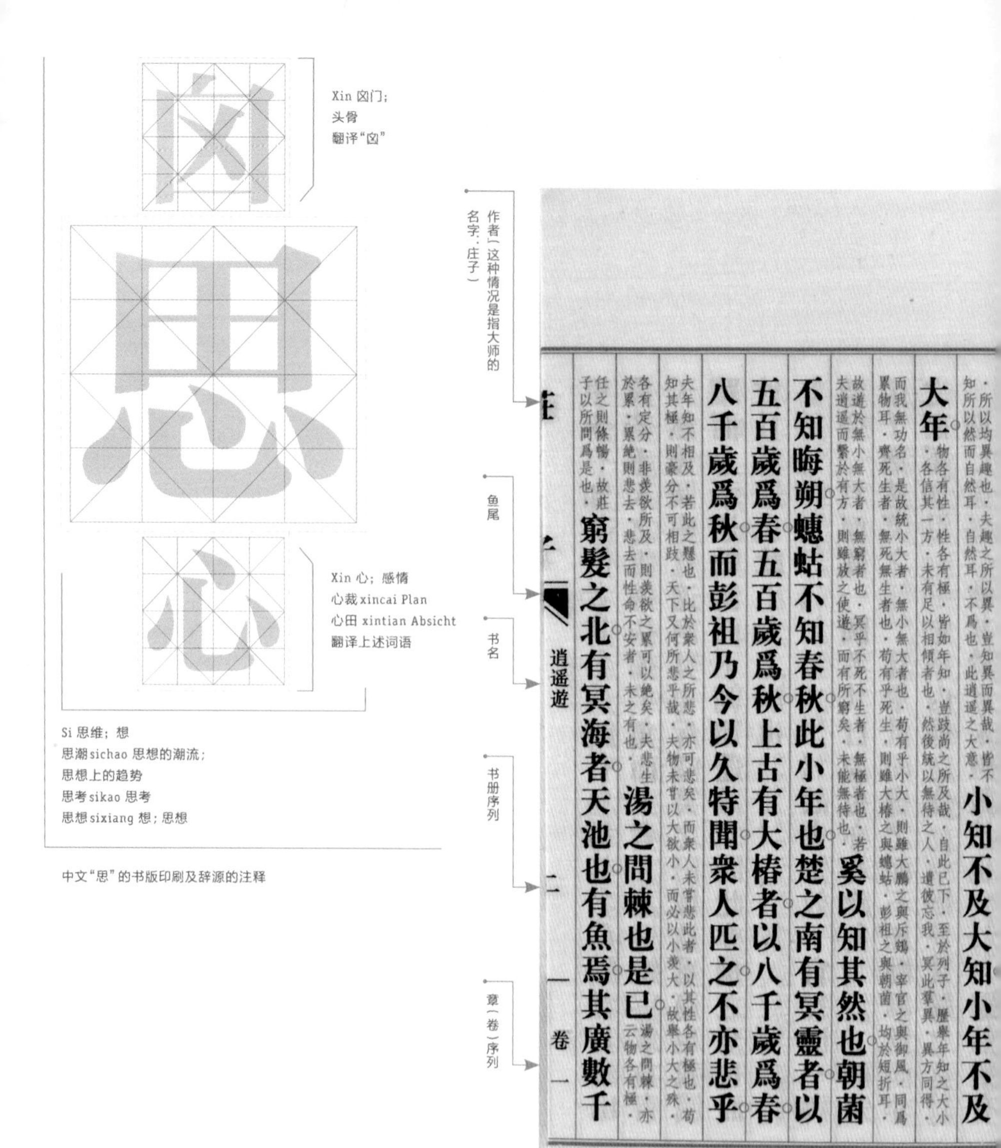

中文“思”的书版印刷及辞源的注释

关联的设计→多语言媒体→汉语排版，第63页

该主题引用文献

→论chmidt, A. (1994).“利维坦”或“这个世界上最好的”. 苏黎世：Haffmans出版社.

→版chmidt, A. (1993). Abend mit Goldrand. 苏黎世：镶着金边的夜晚Haffmans出版社.

→Detjen, K. (Ed.). (2003). Lenz: 修订：附带Johann Friedrich Oberlin的记录“史代恩塔尔的诗人伦茨”共同出版. 哥廷根：Steidl.

→Willberg, H. P. (Ed.). (1987). Christian Morgenstern: 作品和书信. 斯图加特：Urachhaus.

● 色彩等级，黑色对于原文字（大师的文字）来说是单独的，就像带有鱼尾的普遍的导航。所有的红色要么服务于强调阅读得顺序（直线），要么作为标记服务于后来添加进来的标点符号以及内容（评论）。

● 鱼尾标记在印张的折叠处，同时它也被认为是中国古书不可缺少的美学元素。

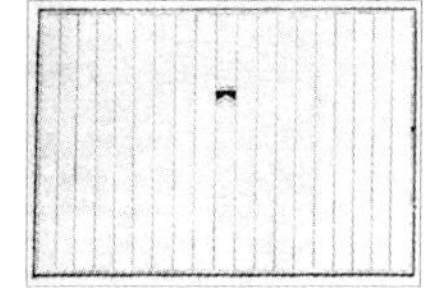

● 标点

这个“圆”表明了记录结束。在庄子生前这个记录终止符还没被作为标点，而是扮演了辅助字符“也”的角色。“也”的作用是暗示语调的下降。

● 这本传统制造的中国书是大学者著作的新版本（庄子文章《逍遥游》）。页面的设计理念和字体编排表明了书籍的设计有意地参考了“经典”。本书采用了竖排的设计，以西方的视角“从前到后”浏览，由前面闭合的四分之一印张组成，只印了外面得这一面，装订线在订口外面可以清楚地被看到（其实就是在说筒子页的结构）。页面被划分为三个层级：红色的直线网格（以竹条状彼此连接的风格，中国最早的“书籍形式”其实要说的是竹简），强调文章部分的阅读方向和折叠边缘的普遍的导航系统。（在“鱼尾”的上面和下面，看右边中部）这种设计将文章分割成了原文本（大师的文字）、黑色的宋体字，、后来被添加的评论（红色的仿宋体，一半大小的字号）以及标点（红色，标记在直线上）几个部分。

● 封面上存在着三种不同的句子方向——靠近水平线(卷轴)的传统竖排(在绿色背景上面)，行的顺序是从右至左(行1：会咪案……，行2：社咪档……)，以及水平逆时针90度旋转的部分(在绿色背景下面)。

● 腰封上的广告语是中文，并掺杂着少量服从英文，这些英文服从于中文文章的等级划分，不会影响文章的流畅。这些台湾独有的剧中的标点(，、。)也同样适用于英文的概念当中。它们遵循着中文句子的节奏。

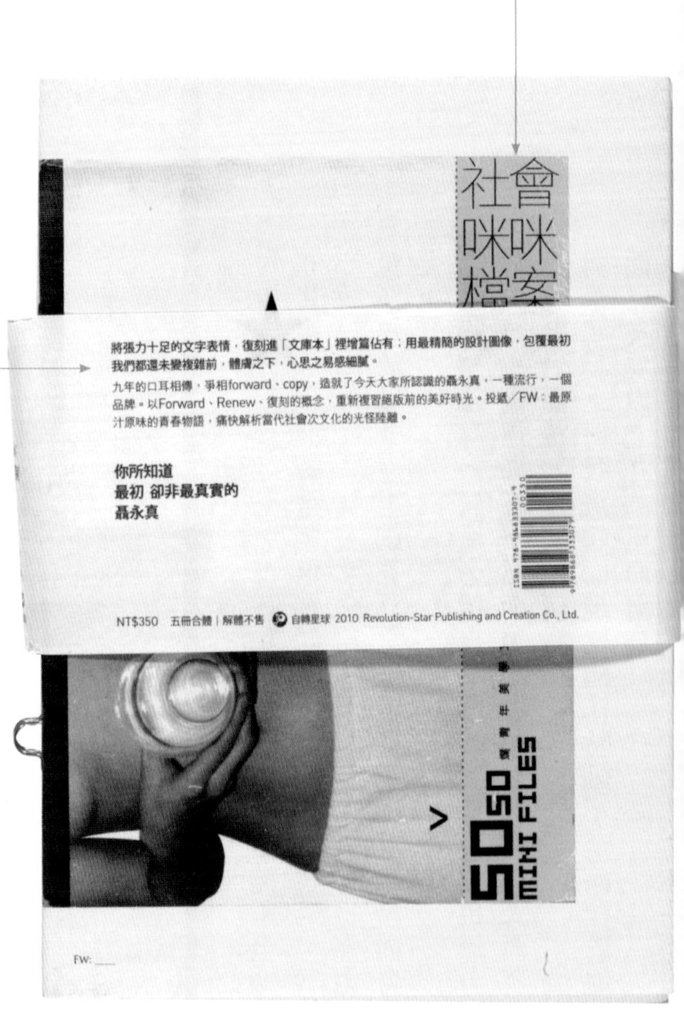

关联→文本→文字并存的第一等级

该主题引用文献

→ 主meijers, F. & Kinross (1996) Counterpunch: 16世纪的制作类型：设计字体。伦敦，英国：Hyphen出版社

→Baldinger, A. (n.d.). 纵向和横向地比较研究古汉语和西方语言的页面布局和它在这两个语言系统的使用。中国美术学院和巴黎国立高等装饰艺术学院的合作项目。

→Zippel, S. (2011). 汉语行话印刷：理解和应用中国文字：未来市场上多语言成功的基础。美因茨：H. Schmidt。

● 台湾设计师聂永真的这本目录册的卷轴上有中文的广告语，同时又与互联网语境下的英文概念相混合。这种关系在 Keith Tam 的“Code Mixing”中有所描述。字体的种类和字体的角度彼此协调。被使用的字体通过近似的特征被标明，比如通过字体的基线强度。

● 卷轴上的文字服从于传统的竖排的句子构成。在中文版本的 Adobe InDesign 里提供了竖排文字的文字框。单独的CJK字符集将被停用，通过 OpenType 技术，单独的标点将自动地通过纵向的可选方案被替代。以拉丁字母写的单词顺时针旋转90度，单独的数字或者字母以及字母组合也可以保持竖直方向不旋转。

● 被选定的Composiote字体（名称可自定义）

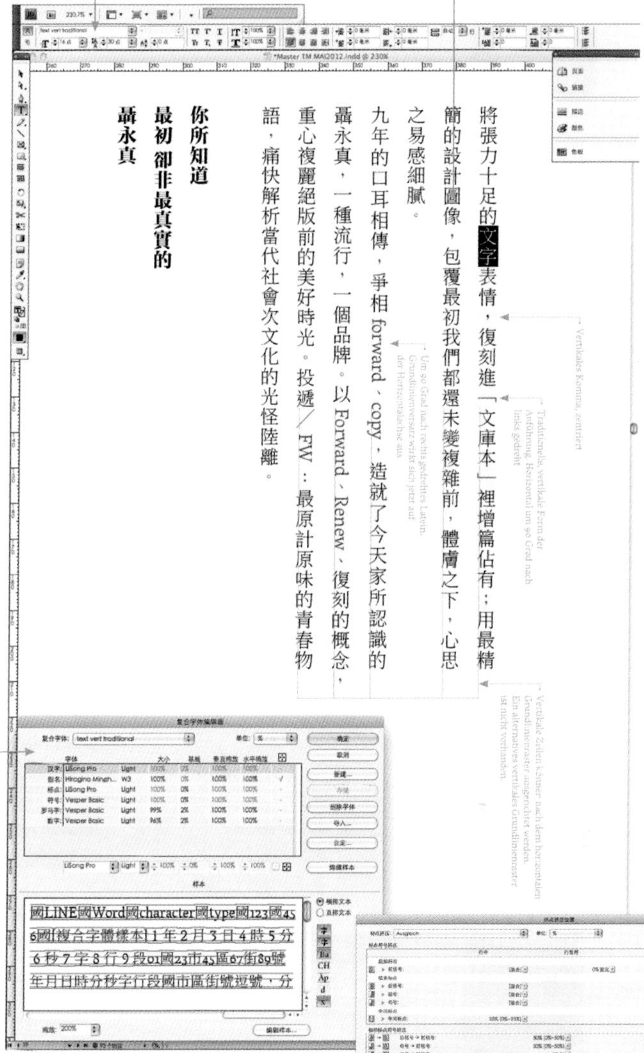

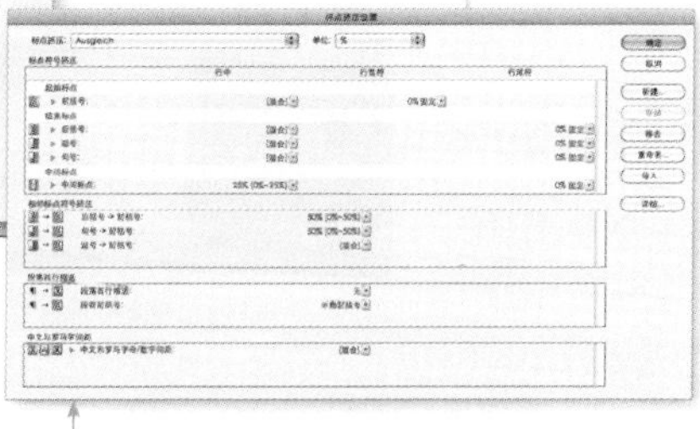

將張力十足的文字表情，復刻進「文庫本」裡增篇佔有；用最精簡的設計圖像，包覆最初我們都還未變複雜前，體膚之下，心思之易感細膩。

九年的口耳相傳，爭相 forward、copy、造就了今天家所認識的聶永真，一種流行，一個品牌。以 Forward、Renew、復刻的概念，重心複麗絕版前的美好時光。投遞／FW：最原計原味的青春物語，痛快解析當代社會次文化的光怪陸離。

你所知道

最初 御非最真實的

聶永真

Vertikales Komma, zentriert

Traditionelle, vertikale Form der Anführung. Horizontal um 90 Grad nach links gedreht

Um 90 Grad nach rechts gedrehtes Latein. Grundlinienversatz wirkt sich jetzt auf der Horizontalachse aus

Vertikale Zeilen können nach dem horizontalen Grundlinienraster ausgerichtet werden. Ein alternatives vertikales Grundlinienraster ist nicht vorhanden.

● 现今中国的文章当中嵌入了阿拉伯数字和拉丁字母。如果在中文版本的InDesign中没有复合字体这项功能的话，构造一个好的句子是很难的。在细节中，“字体对”会彼此调节，并且之后作为可被选择的潜在的字体出现在字体菜单中。除很多字体的组合之外，很好的大的协调(数字被从拉丁子母中解放)，比如基线填充也存在了可能性。

● 同样的，中文、数字以及拉丁字母的自动调节(不是视觉调节)也可以被适用，并且被保存。

● 由于较高比重的评论古代文豪的阅读都不是线性的。双语版本的不同元素加强了多倍的间歇性。

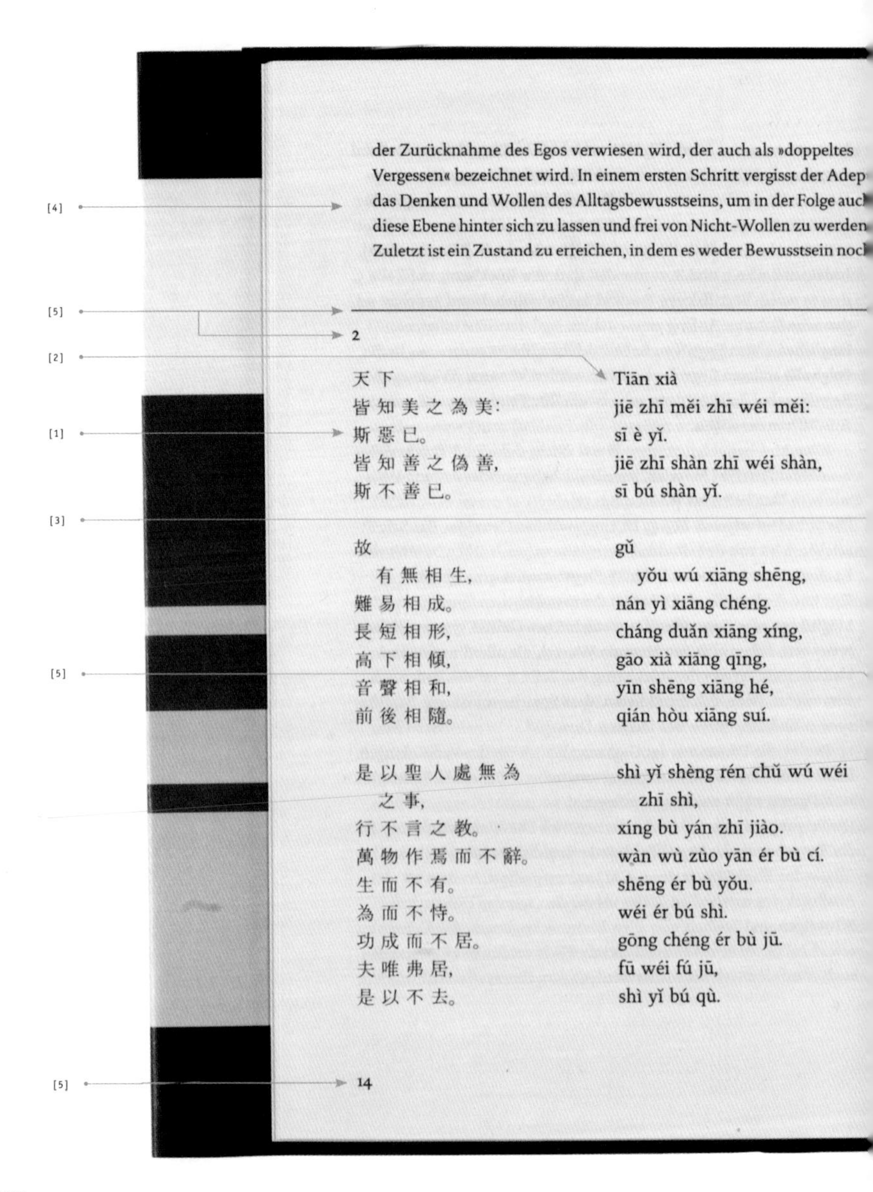

[4]
der Zurücknahme des Egos verwiesen wird, der auch als »doppeltes Vergessen« bezeichnet wird. In einem ersten Schritt vergisst der Adep das Denken und Wollen des Alltagsbewusstseins, um in der Folge auc diese Ebene hinter sich zu lassen und frei von Nicht-Wollen zu werden Zuletzt ist ein Zustand zu erreichen, in dem es weder Bewusstsein noc
[5]
2
[2]
天下 Tiān xià
皆知美之為美: jiē zhī měi zhī wéi měi:
[1]
斯惡已。 sī è yǐ.
皆知善之偽善, jiē zhī shàn zhī wéi shàn,
斯不善已。 sī bú shàn yǐ.
[3]
故 gǔ
有無相生, yǒu wú xiāng shēng,
難易相成。 nán yì xiāng chéng.
長短相形, cháng duǎn xiāng xíng,
高下相傾, gāo xià xiāng qīng,
[5]
音聲相和, yīn shēng xiāng hé,
前後相隨。 qián hòu xiāng suí.
是以聖人處無為之事, shì yǐ shèng rén chǔ wú wéi zhī shì,
行不言之教。 xíng bù yán zhī jiào.
萬物作焉而不辭。 wàn wù zùo yān ér bù cí.
生而不有。 shēng ér bù yǒu.
為而不恃。 wéi ér bú shì.
功成而不居。 gōng chéng ér bù jū.
夫唯弗居, fū wéi fú jū,
是以不去。 shì yǐ bú qù.
[5]
14

该主题引用文献

→献ray, F. Drofeeva-Lichtmann, V., & Metailie, G. (Eds.). (2007). 中国科技知识产品中的表格和文本。莱顿：Brill。

→Geldsetzer, L.& H. (1998). 中国哲学基础。斯图加特：Reclam。

→Han, B.-C. (2011). Shanzhai山寨：汉语解构。柏林：Merve。

→Stoltz, U. (2011). 竖着横着/往这边往那边-非直线读书；万花筒。美因河畔奥芬巴赫；布伦瑞克：Stolz。

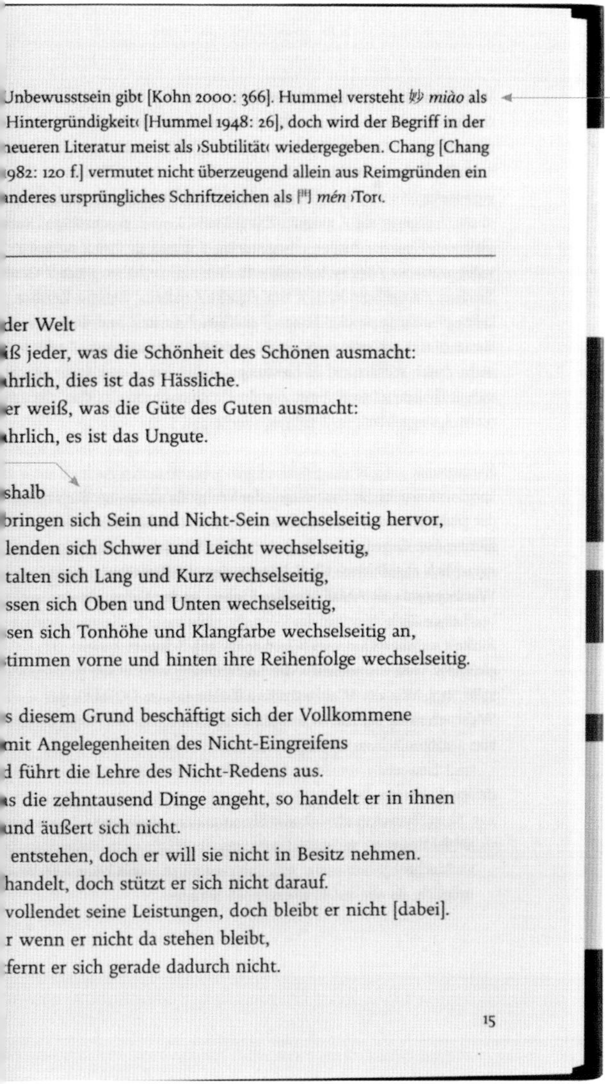

Unbewusstsein gibt [Kohn 2000: 366]. Hummel versteht 妙 *miào* als ›Hintergründigkeit‹ [Hummel 1948: 26], doch wird der Begriff in der neueren Literatur meist als ›Subtilität‹ wiedergegeben. Chang [Chang 1982: 120 f.] vermutet nicht überzeugend allein aus Reimgründen ein anderes ursprüngliches Schriftzeichen als 門 *mén* ›Tor‹.

---

der Welt
ß jeder, was die Schönheit des Schönen ausmacht:
hrlich, dies ist das Hässliche.
er weiß, was die Güte des Guten ausmacht:
hrlich, es ist das Ungute.

shalb
bringen sich Sein und Nicht-Sein wechselseitig hervor,
lenden sich Schwer und Leicht wechselseitig,
talten sich Lang und Kurz wechselseitig,
ssen sich Oben und Unten wechselseitig,
sen sich Tonhöhe und Klangfarbe wechselseitig an,
timmen vorne und hinten ihre Reihenfolge wechselseitig.

s diesem Grund beschäftigt sich der Vollkommene
mit Angelegenheiten des Nicht-Eingreifens
d führt die Lehre des Nicht-Redens aus.
s die zehntausend Dinge angeht, so handelt er in ihnen
und äußert sich nicht.
entstehen, doch er will sie nicht in Besitz nehmen.
handelt, doch stützt er sich nicht darauf.
vollendet seine Leistungen, doch bleibt er nicht [dabei].
r wenn er nicht da stehen bleibt,
fernt er sich gerade dadurch nicht.

15

文字并存的第三等级

● 评论部分全部首行缩进，目的是更清楚地衬托原文和翻译。在中国传统作品中这种区别通常通过字体的选择、字体的大小以及字体的颜色来强调。

● 一本中德双语的老子的《道德经》出现了五个阅读层次。文言文受限于字符的多义性，因此就出现了大量的被翻译过来的注释与评论。注释与原文间彼此会形成相互支持理解的作用。拼音文字则矫正了合乎历史时代的阅读感觉。为了使长行与其他行尽可能保持在同一个范围内(这里应该指每行中所包含的单词数量基本一致)，德语的译文在右页中占据了双栏的空间。这部分译文只是众多评论层次中的一个选择。它很详尽，在页面之间延续，直到章节截止的地方。版面中额外的元素是行与段落的编号、分割线以及页码。在书籍的第一段中添加了第六个层次：一个根据中文字符排序的逐字的德语翻译。

同时，在这个版本中也给出了关于文字共存比例的范本。译文中中文字符的保留对读者理解原文有很大帮助，也为“平等的共存”提供了真实的基础。这种引用与关联在书籍中不断重复，使得读者逐渐熟悉中文的字形，并受到汉语概念的影响。

● 标题和文章开始

318 THE SHOO KING. PART

蔡沈考定武成

惟一月、壬辰旁死魄、越翼日、癸巳王朝步自周、于征伐商。○底商之罪、告于皇天后土、所過名山大川、曰、惟有道曾孫周王發、將有大正于商、今商王受無道、暴殄天物、害虐烝民、爲天下逋逃主、萃淵藪、予小子既獲仁人、敢祇承上帝、以遏亂畧、華夏蠻貊、罔不率俾、惟爾有神、尚克相予、以濟兆民、無作神羞。○既戊午、師逾孟津、癸亥、陳于商郊、俟天休命、甲子昧爽、受率其旅若林、會于牧野、罔有敵于我師、前徒倒戈、攻于後以北、血流漂杵、一戎衣、天下大定、乃反商政、政由舊、釋箕子囚、封比干墓、式商容閭、散鹿臺之財、發鉅橋之粟、大賚于四海、而萬姓悅服。○厥四月、哉生明、王來自商、至于豐、乃偃武修文、歸馬于華山之陽、放牛于桃林之野、示天下弗服。

● 圆形的字符（本来是一个表意性的零）在这里表示停顿，它分开的一定是相互间的意义的停顿。

APPENDIX.

● 附条没有出现在这篇中文文章的这页当中。

THE COMPLETION OF THE WAR, AS ARRANGED BY TS'AE CH'IN.

In the first month, *the day* jin-shin immediately followed the end of the moon's waning. T next day was kwei-ke, when the king in the morning marched from Chow to attack and pun Shang.

Declaring the crimes of Shang, he announced to great Heaven and the sovereign Earth, to famous hill and the great river, by which he passed, saying, "I, Fā, the principled, king of Ch by a long descent, am about to have a great righting with Shang. Show, the king of Shang, without principle, cruel and destructive to the creatures of Heaven, injurious and tyrannical the multitudes of the people, chief of the vagabonds of the empire, who collect about him as f in the deep, and beasts in the prairie. I, who am but a little child, having obtained *the help* virtuous men, presume reverently to comply with *the will of* God, to make an end of his disorde ways. The great and flowery region, and the wild tribes of the south and north, equally foll and consent with me. And now, ye spirits, grant me your aid, that I may relieve the milli of the people, and nothing turn out to your shame!"

On the day mow-woo the army crossed the ford of Māng; on the day kwei-hae it was drawn in array in the borders of Shang, waiting for the gracious decision of Heaven. On the day k tsze, at early dawn, Show led forward his hosts like a forest, and assembled them in the wilern of Muh. But they would offer no opposition to our army. Those in the front inverted th spears, and attacked those behind them, till they fled, and the blood flowed till it floated pestles about. Thus did *king Woo* once don his arms, and the empire was greatly settled. overthrew the *existing* government of Shang, and made it resume its old course. He delivered count of Ke from prison, and raised a tumulus over the grave of Pe-kan. He bowed in his c riage at the gate of Shang Yung's village. He dispersed the treasures of Luh-t'ae, and distribu the grain of Keu-keaou, thus conferring great gifts throughout the empire; and all the peo joyfully submitted.

In the fourth month, at the first appearance of the moon, the king came from Shang to Fu when he hushed all the movements of war, and attended to the cultivations of peace. He s back his horses to the south of mount Hwa, and let loose his oxen in the open country of T'a lin, showing the empire that he would not use them *again*.

文字并存的第三等级

杜甫（1376）集千家注分类杜工部诗（Shusenkachu bunrui tokobushi），由徐居仁和黄鹤注释．东京：日本国立国会图书馆。在示意图a拍照的两页中，板压在目录和文本开头中间制造了一个“空白”。圆形的分隔符号等于在拉丁文的印刷格式中表示出留空的符号。（上左图）

● 栏外提示虽然符合中文原文的逻辑，但在这儿只与原本的翻译有关。这里没有鱼尾和所属的导航。

● 中文原文很可能是通过手工排字来制作的。在木版印刷时，字符经常被不规则地裁切掉，并且偶尔还会和旁边的字符混在一起。在这里那些通过活字形成的规律的方形网格会很突出。

由于技术和经济的原因，这个版本可能通过现存的印刷技术一页页地再生产，并且直接用于英文译本书籍印刷中。书籍的所有部分遵循着西方的阅读习惯(从左至右，每行由上至下，每页由前到后)。因为竖排的中文书籍的每行是从右向左阅读并且页面顺序是“由后至前”的，阅读方式非常复杂(如虚线所示)。这里两种不同的、完全相反的书籍排版系统产生了直接冲撞。

. III.　THE SUCCESSFUL COMPLETION OF THE WAR.　319

旣生魄、庶邦冢君、暨百工、受命于周。〇丁未、祀于周廟、邦甸侯衞、駿奔走、執豆籩。越三日庚戌、柴望、大告武成。〇王若曰、嗚呼、羣后、惟先王建邦啟土、公劉克篤前烈、至于大王、肇基王迹、王季其勤王家、我文考文王、克成厥勳、誕膺天命、以撫方夏、大邦畏其力、小邦懷其德、惟九年、大統未集、予小子其承厥志。〇恭天成命、肆予東征、綏厥士女、惟其士女、篚厥玄黃、昭我周王、天休震動、用附我大邑周。〇列爵惟五、分土惟三、建官惟賢、位事惟能、重民五教、惟食喪祭、惇信明義、崇德報功、垂拱而天下治。

After the moon began to wane, the hereditary princes of the various States, and all the officers, ceived their appointments from Chow.

On the day ting-we he sacrificed in the ancestral temple of Chow, when *the chiefs of* the im- rial domain, and of the teen, how, and wei domains, all hurried about, carrying the dishes. Three ys after, he presented a burnt-offering *to Heaven*, and worshipped towards the mountains and vers, solemnly announcing the successful completion of the war.

The king spake to the following effect:—"Oh! ye host of princes, the first of our kings found- the State and commenced our territory. The duke Lew was able to consolidate the merits of s predecessor. But it was the king T'ae who laid the foundations of the imperial inheritance. hen king Ke was diligent for the royal House; and my deceased father, king Wăn, completed s merit, and received the great decree of Heaven to soothe the regions of the great bright land. e great States feared his strength; the small States cherished his virtue. In nine years, how- er, the whole empire was not collected under his rule, and it fell to me, who am but a little ild, to carry out his will. Reverently obeying the determinate counsel of Heaven, I pursued y punitive work to the east, to give tranquillity to its men and women. Its men and women ought their baskets full of azure and yellow silks, to show forth *the virtue of* us the kings of ow. Heaven's favours stirred them up, so that they came with their allegiance to our great ate of Chow.

He arranged the orders of nobility into five, assigning, the territories to them on a threefold ale. He gave offices only to the worthy and employments only to the able. He attached great portance to the people's being taught the duties of the five relations of society, and took care r food, for funeral ceremonies, and for sacrifices. He showed the reality of his truthfulness, d proved clearly his righteousness. He honoured virtue, and rewarded merit. Then he had ly to let his robes fall down, and fold his hands and the empire was orderly ruled.

● 而英文的句子是以“行”为单位(莱诺铸排机)排列制作的。创造性地让原文与译文的样式产生了一定差异。仅仅正文的内容有译文。英文译文的栏宽决定了字体的大小，而与中文原文几乎没有关联。

● *The Chinese classics: with a translation, critical and exegetical notes, prolegomena, and copious indexes (Hong Kong: London Missionary Society, 1939)* 这本书是一个经典中文文章的收集，这句话由汉学家和翻译家James Legge用英语翻译并用双语发行。文章总是被分为中文原文、译文以及评论三部分。

● 出版物《汉堡·上海：为了合作关系的同一本书》是一本文字书，书中的文章流畅地串联在四面或更多的页面当中。文章长度的不同不会通过行的长短来弥补，而是通过（协调）文本间的相互关系达到的。它从Gerad Unger那里获得了Coranto字体，这是一款经典的带有很多非典型细节的荷兰风格的书籍字体，就像一套方正字库的宋体。然而刚好Coranto的这种非典型的细节（比如尖的比划）让“Schrift-Partner”两个单词看上去很吸引人，同时从灰度级别来看，他也与中文书籍字体匹配。

如果Monotype Sung是一种结构闭合、x高度很低的巴洛克拉丁字体，这种强烈的字形对立关系导致它很难与中文字体一起使用。这种情况下KeithTam倡议寻找其他的中英文组合方式。

两种不同字体系统的段落和段落看起来一直在变化，使富有变化的字形成为了可能。两种语言不仅存在于并行的对话中，也存在于彼此的视觉会话当中。

ENTSTEHUNGSGESCHICHTE UND TRADITIONEN EINER STÆDTEPARTNERSCHAFT

Von Prof. Dr. Bernd Eberstein

Hamburgs direkte Handelskontakte zu China blicken in diesem Jahr auf eine Geschichte von 275 Jahren zurück. Am Anfang stand die südchinesische Metropole Kanton. Von dort am 1. Januar 1731 lossegelnd, lief das erste Schiff aus China am 12. September des gleichen Jahres im Hamburger Hafen ein, die unter preußischer Flagge fahrende Fregatte »Apollon«. Auch das erste unter hamburgischer Flagge nach China segelnde Schiff fuhr 1897 nach Kanton. Shanghai war im 18. Jahrhundert zwar ein regional bedeutender Hafen, gelangte aber nur langsam in den Blick europäischer Händler.[1]

Erst durch den Opiumkrieg und den abschließenden Vertrag von Nanking wurde Shanghai 1842 dem Handel geöffnet. Zu dieser Zeit hieß es über die Stadt: »Zahlreich versammelten sich die Kaufleute und Handelsherren. Große und kleine Dschunken kamen zu zigtausenden, und innerhalb wie außerhalb der Stadt gab es keinen freien Flecken Erde mehr.«[2] Nach der Öffnung kam es zu einer schnellen Entwicklung. Bereits für 1845 heißt es in einem Gutachten über den Chinahandel zwischen Hamburg und Shanghai: »Die zunehmende Wichtigkeit des Hafens von Shanghæ ist daraus ersichtlich, daß die Ein- und Ausfuhr in Schiffen unter hanseatischer Flagge sich daselbst bedeutend vermehrt hat.«[3] Während 1840 noch fast die gesamte chinesische Ausfuhr über

64

汉堡与上海——结盟150载

柏恩特·爱波斯坦 博士教授

汉堡与中国的直通贸易可以追溯到275年前。当时，广州是中国南方的大都会。1731年1月1日，中国船首次从那里扬帆远航，于同年9月12日，在悬挂着普鲁士旗帜的“阿波罗号”三桅快速舰的护航下，驶入汉堡港。同样，第一艘悬挂着汉堡港旗帜驶向中国的帆船，于1897年远航广东。18世纪时的上海，尽管是当地一个重要的港口，但却是慢慢地进入欧洲贸易商的视线。[1]

由于鸦片战争和随后签订的《南京条约》，上海才于1842年开辟为通商口岸。那时，这座城市真的是“商贾云集，大小船只数以万计，城内外无隙。”[2]门户开放后，上海发展迅速。1845年，一份汉堡和上海往来的中国贸易鉴定报告称，“飘着汉萨同盟旗帜的船只进出明显增多，由此显现上海港的重要地位日益提高。”[3]与1840年整个中国的出口业务经由广州展开相比，1870年，该市仅拥有13%的份额，而此时上海的份额，却上升到63%，甚至在1880年达到了70%。1864年，上海一跃而成为拥有约60万居民的贸易中心，其中，外籍人士为2000-3000人。19世纪末，该市的人口数量已过百万大关，外籍人士的数量增加到10,000名左右。

他原來是 Trinity Colleg
fellowship 也給取消了

他原來是 Trinity Colle
的 fellowship 也給取消

文字并存的第三等级

→ http://keithtam.net (fig. a)
→ www.gerardunger.com
→ http://ilovetypography.com
→ www.typeisbeautiful.com
→ www.kitasou.com

● 当字体Linotype Univers Condensed无法与中文字体 Adobe Hei匹配的时候（中文字体也有Condensed系列），也许它立刻连接起了“伙伴”互相之间的“形式上”的掩饰：两种字体都占有相似的圆形并且被认为是建立起的标准字体。它们单纯强调了三语文本游戏的专注。

Rufina Wu: Political and economic reforms since the late 1970s initiated the formation of a new subaltern class in contemporary Chinese cities known as the floating population. Millions of migrants have flowed through China's uneven economic landscape in pursuit of the Chinese Dream. There are an estimated four million migrants actively contributing to the construction of new Beijing. Without proper household registration *(hukou)* status, rural migrants have little or no access to social welfare including subsidized housing. Migrants have, of necessity, developed unconventional habitats in the capital city. This project investigates a unique type of migrant housing in Beijing—underground hostels retrofitted from civil air defense basements. The core of this study consists of field research conducted from 2005 to 2006. Personal narratives, photographs, maps, and illustrations drawn from first-person experience reveal furtive portions of Beijing: marginal, banal, and hidden stages upon which life unfolds.

Rufina Wu: Politische und ökonomische Reformen seit den späten 1970ern haben zur Bildung einer Unterklasse im gegenwärtigen China geführt, die als die „fließende Bevölkerung" bekannt ist. Millionen von Migranten sind durch Chinas uneinheitliche ökonomische Landschaft gespült worden auf der Suche nach dem chinesischen Traum. Etwa vier Millionen Wanderarbeiter tragen aktiv zum Aufbau von Peking bei. Ohne richtige Aufenthaltserlaubnis *(hukou)* haben die ländlichen Migranten wenig oder gar keinen Zugang zu den staatlichen Sozialleistungen wie etwa Sozialwohnungen. Aus dieser Notlage heraus haben sie in der Hauptstadt unkonventionelle Lebensräume entwickelt. Mein Projekt hat eine ungewöhnliche Form migrantischer Wohnungen in Peking untersucht: Untergrund-Herbergen in ausgebauten Luftschutzkellern. Kern der künstlerischen Studie war die Feldforschung vor Ort von 2005 bis 2006. Persönliche Geschichten, Fotos, Karten und Illustrationen decken die heimlichen Aspekte von Peking auf: marginale, banale und verborgene Bühnen, auf denen sich das Leben entfaltet.

邬南薰：自1970年后政治经济改革以来，当今中国形成了一批通常被称为“流动人口”的生活在底层的人群。中国不平衡的经济发展格局冲刷了数以百万计的迁移者去追寻中国式的梦想。大约四百万的外来打工者积极地投入在北京城市的建设之中。从农村来的打工族，他们在北京没有真正的居留证（户口），也很少或者根本不可能在这个城市中得到一些社会福利，比如社会住房。出于困境，他们在大城市里形成了非同寻常的生存习惯。我的课题就是对那些流动人员在北京不同寻常的居住条件及环境进行调查研究：由防空洞建造而成的地下旅馆。此项艺术领域的研究核心主要集中于2005年至2006年我亲身在地下旅馆现场的观察。私人的故事，照片，图表和插图使我们认识了北京隐藏着的另一面：在边缘、平庸和隐蔽的舞台上展开的生活故事。

● 中文文章将用Adobe 黑体竖排。

● 出版物《上海城市公共空间》建立了固定的格网，当内容从一页到另一页以不同的长短呈现的时候，这种网格使得三种语言的管弦乐成为了可能。德语和英文段落的“起点”在左上方，中文文章的开始却在右上方。它们总是以不同的强度通过相同的句子边缘填满了页面（同样以不同的方向）。这个页面展示了被设置的最大的文章的数量。

进入大白鲨

供青年创业者使用的临时空间

Inside the white whale

-

Temporary spaces for young entrepreneurship

如何更好地利用城市中被空出来的公共空间？并藉此帮助这些旧建筑避免被拆掉的命运？

想象一下未来的情况，纺织品成为建材，建筑这个行业在50年后会是什么样子？

一个城市空间问题可以借用其他的思维模式来解决吗？

Photo: Corneel de Wilde

Photo: Corneel de Wilde

TICKETS

Photo: Rob't Hart

BOOK
CLUB

这个世界有很多问题，每个问题都需要答案。于是，世界或者说人生就变成了一张张写满问答题的考卷。如果说这个世界是个相互关联的整体，问题也就不会是孤立的，那答案呢？甚至，一个问题会不会成为另一个问题的答案？尤其是当我们身处一个以“互联”为主题的时代。

由于城市的变迁，在荷兰，城市中有很多废弃空置的建筑，如果推倒重建，城市的一部分历史记忆就会就此被删除；如果进行修复与翻新，那曾经的建筑用途能与将来的需求一致吗？此外，在欧洲整体经济不景气的时候，大笔的资金花费岂不是给日渐紧张的城市财政雪上加霜？受经济不景气影响的还有年轻人的失业率。城市，无论是作为工作还是生活的场所，对他们来说都太昂贵了，如果年轻人被赶出了城市，那城市还有未来吗？

荷兰的桑德伯格研究生院开设了一个针对“空置荷兰空间”的两年硕士课程，其中的“进入大白鲨”系列实验运用了一种“临时空间产品”的方法来尝试解决空置城市空间的问题。这种方法简单易行，充满想象力，花费低廉，可工作，可居住，像两栖动物或变色龙一样，对环境具有极强的适应性和灵活性。

产品模式可以应对空间问题，想象力也可以应对现实，慢慢地，我们才刚刚开始触及到“互联”时代的奥秘。

读书会（左页图）
the Book Club

Photo: Corneel de Wilde

研究机构：桑德伯格研究院	Studio Vacant NL, Sandberg Instituut
国家：荷兰	the Netherlands
涉及领域：	室内设计 / 家具设计 / 艺术装置

“大白鲨”系列提供了一种“使用最少的精力和材料，对空置建筑加以利用”的理想策略。利用船运集装箱在运输原材料时所用的大号集装袋，我们可以在你所能想到的任意地点创造出临时性的空间。这些灵活的新空间用途广泛，足以在现有的世界中打造出一个全新的世界。

桑德伯格研究院开设了一个名为“空闲荷兰空间”（Vacant NL）的两年制硕士学位课程（2011年至2013年）。该课程鼓励设计师、创作人员和科学家为临时性利用空闲的建筑与空间构思新鲜、富有创意并切实可行的设计策略。课程要求学生通过亲自动手研究来探索空置建筑所蕴含的潜力。桑德伯格研究院的学生是幸运的，因为他们被给予了对未来自由设想的空间，可以如跳伞者般自由落体，而不是被“现实”拖向地面。通过艺术这种有效的途径，我们得以超越已存在的现实，原本看上去很遥远的景象也能变得触手可及。图像能够使未实现的成为可见的，能够穿透感官来建立新的关联。而语言可以精准地阐述内容，可以勾勒出一个近乎完整的且不需要你自己去理解的未来。艺术教育应锻炼人们通过艺术来寻求社会的解决方案。当学生与老师作为一个群体共同协作时，这种教育模式才能发挥最佳效用。

被大白鲨吃掉

荷兰桑德伯格研究院设计总监Jurgen Bey负责整个研究项目。在他看来，桑德伯格的意思就是沙中的城市、沙中的城堡。“在沙子中我们可以造出很多东西来，沙漠也给我们带来一种虚无感，在虚无感中再树立起这么多东西，原先就是一种奇迹。”Jurgen Bey说：“经济在迅猛发展，沙漠里面树立起越来越多的东西，正是在沙漠中树立起的这些东西再去创造出更多的金钱，金钱让这个世界得到比较平稳的运转。20世纪90年代初期我们就看到，在沙漠上有很多经济体的发展。现在我认为是我们需要关注文化的时间了，不应仅仅去关注经济。这就是为什么我们要做这样一个项目的原因。”

“进入大白鲨”是由近20个子项目组合而成的，其中“Vacant NL”项目成为代表“进入大白鲨”在世界各地展览的重头戏。“这个项目我们做了三年，2012年才完成。在荷兰我们总是讲虚无，这么多楼建成了都没有人住，功能性得不到很好的发挥，这是非常大的问题，有这么多空的、没人住的空间，会不会使虚无性得到进一步的扩大呢？这也给我们提出一个问题，有这么多空的空间，我们能不能很好地利用这些空间？这个项目是反映这样一个实际存在的问题，是具有一定的讽刺性。”

在荷兰，一个建筑“空置”39年，足以得到人们的关注。这里所说的空置，并非烂尾楼的全盘废弃，而是这个建筑每年还会被用一次作展览，但是其他时间都是空的。Jurgen Bey称之为“空的公共空间”。“还有一些其他空的公共空间，如学校、办公室，这些空间不是24小时都有人，它总有一段时间是空出来的。要利用这些空间，我们必须要想一定的办法，这是有一定潜力的。”于是，Jurgen Bey开始探讨“如何更好地利用这些空出来的空间”。

“在这些建筑空间中，有一些功能非常特殊，也有一些具有文化传承的作用，” Jurgen Bey说：“对于不同特色的空间和建筑，我们应该如何更好地利用他们？这样才会避免这些建筑最后被拆掉的命运。”

Jurgen Bey对荷兰所有空余空间的建筑进行了统计，标注其所在地点，提出建议使用方案，并出版成书。

“Vacant NL” 项目由来自于八个不同专业的学生共同完成。“因为大家都知道，要对空出来的空间作更好的利用，需要各种专业知识。有可能需要一个建筑师、园林设计师、工业设计师、学政治的人等用综合的角度看，怎样更好地使用这些空出来的建筑，这就是这个项目的主要内容。我们可以把这些学生组合在一块儿做这样的项目。” Jurgen Bey介绍说：“我们把有些空间转化为工作坊，也可以转化为居住空间。” 建造这些空间的外立面不再是钢筋水泥，而是集装箱里用的袋子，这些袋子有可能从中国运到荷兰，也有可能从荷兰运到中国，这些包装货品使用的袋子属于工业产品，非常干净，且价格低廉。

于是，用这些大号的集装箱、集装箱袋去创造一些灵活空间的想法应运而生，这些集装袋的灵活性，也让空间的剪裁变得更加轻而易举。于是这些袋子隔离出一些工作坊、理发店。灵活的新空间可以居住，也可以具备其他任何功能，比如说作为一个工作坊，也可以作为一个居住空间，从而使其空间得到很好的利用，不同功用使用的时间段是不一样的。组合的空间变得非常干净，不同的时间它的身份和角色都是不一样的。

这么做的另一个好处就是，不需要太多的建材，只要有一个好的想法和缝纫机就可以隔离这些空间。组合出来的空间可能是一个读书俱乐部，旁边还可以搞一个理发店，慢慢改变了空间。Jurgen Bey的问题已经被提出来了，我们可以用隔离空间的方式解决和回应我们这些问题。

想象一下未来的情况，纺织品成为建材，建筑这个行业在50年之后会是什么样子？Jurgen Bey说："可能不是像现在硬梆梆的了？建大楼的时候也不会这么吵，轰隆隆的声音可能消失掉了。这可能是第一次在建大楼的时候还能听到小鸟的叫声，这是很美妙的，这是一切可能性的开端。"

空间的身份

Jurgen从来没有把空间看成问题或者负担，他把它们当成值得探索的话题。从这些虚无的空间、空余的空间可以衍生出什么样的东西？当人们提起森林，就会想怎么样利用森林，用森林的木材建房子吗？或者有一些什么新的可能性呢？在另外一个项目中，设计师建造了这个以"空旷的森林"为理念的大厦。每个进入的人都好像是去探索一个空的森林，带着想法和思维进入到大楼内部，然后慢慢开始森林的探索之旅。

人们如何赋予空间不同的身份？进入一个空间，对这个空间是什么样的感觉？如何更好地进入这个空间？怎么样更好地从一个建筑到另外一个建筑，中间这个建筑可能是进入另外一个建筑的门户吗？各种建筑和空间都有自己的身份。"空出来的空间有可能存在很多问题，比如说很脏，上次使用这个空间的人没有清理干净，你进去以后发现非常脏，你要去改造这些空间是要解决很多问题。"Jurgen Bey饶有经验地介绍到。"除了清洁它之外，人们也可以把小的角落脏的形象保留下来，给它一种特别的身份，留存一些它原来的感觉，再开发出新空间的应用。你要考虑一下这些地方不是传统的工作或是居住的地方和空间，而是要通过这些空间传达出一些理由和原因，为什么这些空间最后会变成空出来的空间，以前他们都是有这个功能的，以前他们都是被使用的。现在重新利用这些空间要赋予一些新的功能，赋予一些新的身份。你要去搜集在这些空余的空间里发生的所有故事，从这些故事里面，作为一个平面设计师来讲，赋予它新的身份新和新的功能性。你可能就是赋予这个建筑新的身份的人。”

闲置空间的再利用

《闲置空间的出版商》旨在为可能被废弃的建筑物创作独特的有新意的故事。作家应邀临时看管废弃建筑物，他们的创作为久失想象力的闲置空间编织了新的梦想。作家将自己的想法和创意发表于互联网上，鼓励人们发现这些废弃建筑的新的特征和功能。该网站现已发展成为广受欢迎的门户网站。

《空间创造》项目中，原本用于排列海运集装箱的“集装箱管道”，也被发展成临时的改造型空间。 该设计主张将管道利用为可适用于任何功能的干净空间，并可瞬间转换为多用实地空间。通过该设计，管道可转变为临时空间，在闲置的情况下快速改造为其他用途的空间。

闲置建筑物通过空旷的二维空间承载了过去人类活动的印记。在

《人类活动痕迹的载体》项目中，Ruiter Janssen试图采取多种手段对类似的废弃建筑进行翻修和再利用，使人们便可利用这些不引人注意的2D闲置建筑。

进入大白鲨，投入少，材料环保，是一种对空置建筑进行再利用的理想方案。

White Whales, an ideal strategy for colonizing vacant buildings with minimal effort and materials

工作间

the Workshop

Photos: Corneel de Wilde

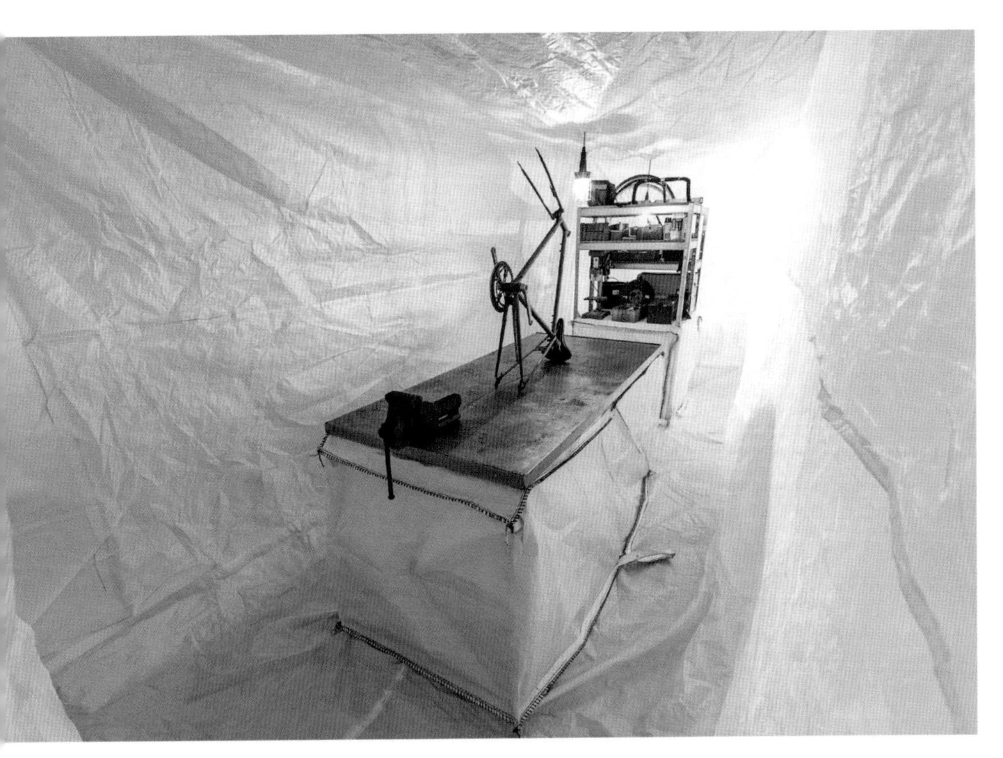

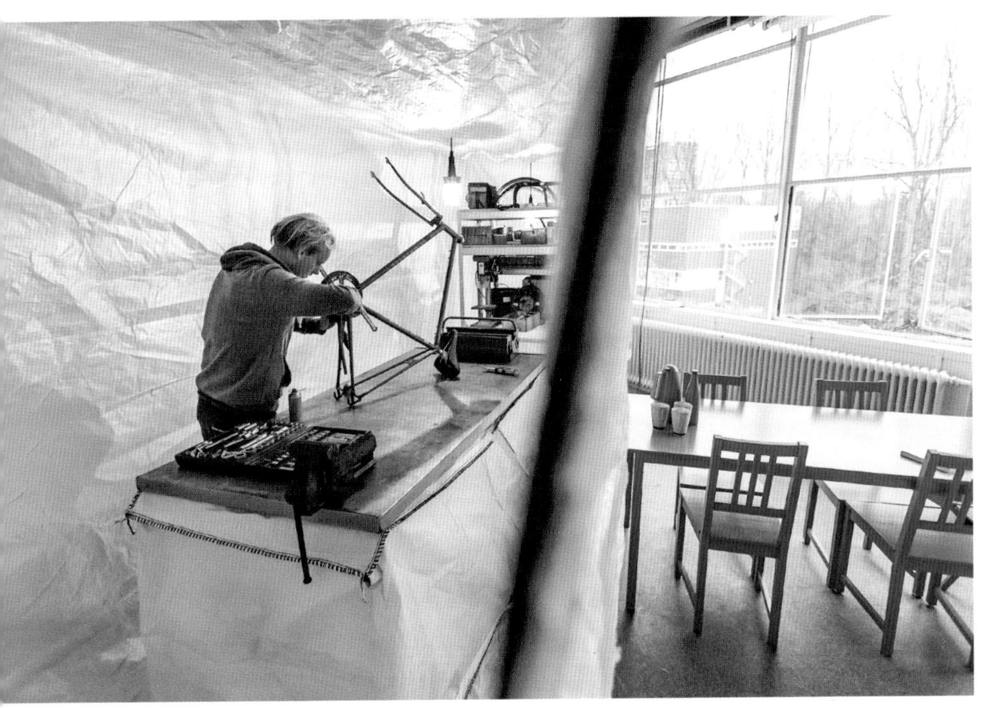

理发店

the Barbershop

Photos: Corneel de Wilde

Photo: Corneel de Wilde

未来博物馆2040

不同博物馆的未来发展模式猜想

The Museum of the Future 2040

-

the imagination of the model of four different museums

谁将为博物馆选择新的未来？

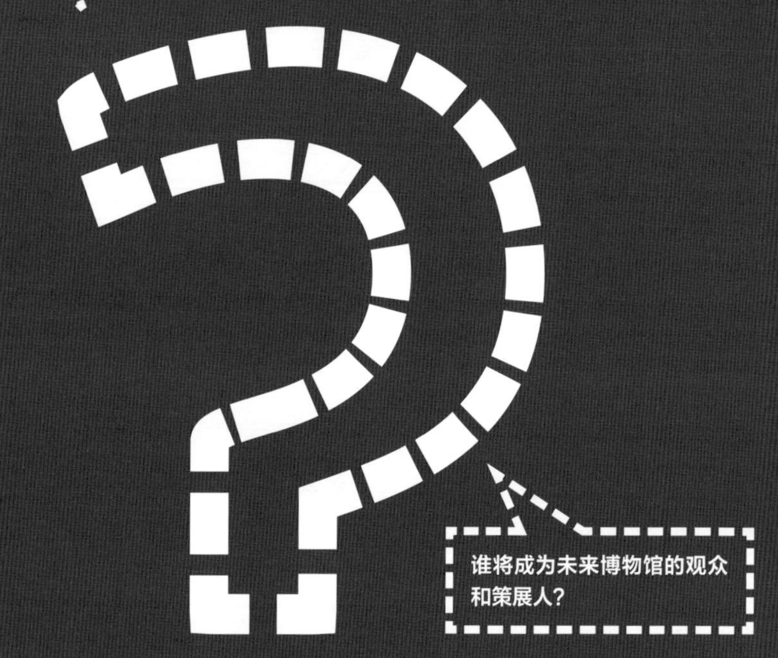

谁将成为未来博物馆的观众和策展人？

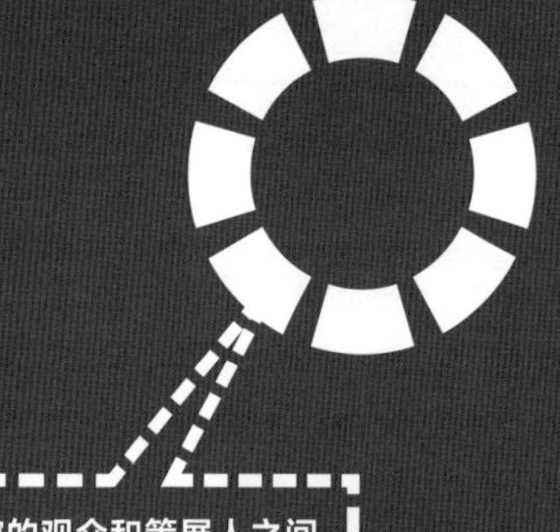

未来博物馆的观众和策展人之间将如何传达信息和内容？

Dutch Painting
See Also
Landscape with a Windmill (1646)
Jacob van Ruisdael
SAVE ARTWORK

Americas

博物馆是什么？博物馆在干什么？现在的答案与2040年的答案会一样吗？

这是伦敦艺术大学中央圣马丁艺术与设计学院空间叙事专业在“未来博物馆2040”这个实验项目中所探寻的。以过去一个世纪人们所经历的技术变革和社会变迁来看，在2040年，我们的自然环境、社会生活、技术手段、知识构成等都将与今天大不相同。问题已经不是那时的博物馆是什么样子，而是“博物馆”这个概念本身是否还存在。或者说那时的“博物馆”是不是我们今天所拥有的经验能够认知的。

德国哲学家和媒体理论家Peter Sloterdijk就曾对博物馆的未来发展提出质疑，他把博物馆中的收藏品描述为“社会的隔阂”，而且只要博物馆继续发展，这种隔阂就会不断增加。此外，他认为博物馆总是沉迷于营造差异性，容易成为“异化的学校”。当然，他也指出了博物馆积极的一面，认为博物馆“属于我们如何去应对未知的时候所采取的文化策略的现象”，具有“说服一个痴缠于身份鉴别的社会，去用睿智的目光，突破那些未知的障碍”的任务。

也许，下面这个说法更容易引起人们的感性共鸣，也会让人们更愿意相信在面对危机与质疑的时候，“博物馆”会有个更美好的未来而不是相反。“因为20世纪工业文明的社会和文化的快速转变，以及社会发展越来越多地依赖于科技，人们正在经历着因熟悉的事物的流逝而带来的缺憾感，而博物馆恰恰能弥补这一缺憾。”

博物馆是否还会是那个与现实切割了的、被想象力信仰所主导的括弧中的世界？它作为“联觉媒体”的意义是扩展了还是消退了？在未来知识世界的转换中它将处于怎样的位置？也许，从弗洛伊德博物馆、英国皇家植物园、华莱士收藏馆、维多利亚与阿尔伯特博物馆这四家性质完全不同的博物馆对未来的想象中你可以有所启示。

研究机构：伦敦艺术大学中央圣马丁艺术与设计学院空间叙事（硕士）系	MA Narrative Environments, Central Saint Martins, University of the Arts London
国家：英国	U.K

涉及领域： 新媒体 / 主题环境 / 博物馆运营

在过去的20年里，技术与社会的发展已经基本上重新塑造了博物馆的体验、空间设计，以及博物馆作为文化、教育和娱乐的空间职能。而在当下的10年中，由于资金的变化，博物馆需要吸引更广泛的观众，以及能在文化、教育和娱乐的其他形式上得以提升。种种一切，都将施压于博物馆，促使其创新，以适应正在改变的用户需求。未来，博物馆将继续在大范围的趋势影响和驱动力下被重塑，如同“增强现实”的新技术正在改变人们获得类似博物馆体验的方式和地点，社会和文化的改变也正在影响人们所期待的体验类型。而资金的变化将向一些博物馆施加压力，促使他们在盈利的同时，也更具包容性。随着人们越来越习惯于自由和数字增强技术，博物馆将不得不寻找新的方式来讲述自己的故事，例如通过更好的观众参与和由观众驱动内容等。试问，谁将为博物馆选择新的未来？谁又将成为未来博物馆的观众和策展人？他们之间又将如何传达并体验未来博物馆的信息和内容呢？

弗洛伊德博物馆

Freud Museum

弗洛伊德博物馆坐落于伦敦的汉普斯特德——心理分析学家西格蒙德·弗洛伊德的故居。博物馆除了展示弗洛伊德广泛的收藏物和研究的图书库外，还保留了弗洛伊德的研究空间——他的心理分析的实践中心，并提供当代艺术展览和讨论弗洛伊德的著作。

2040年，气候变化已经使天气和压力以及人们的焦虑情绪产生了大幅度的波动。政府机构推出了强制性的心理治疗方案。凯瑟琳（Katherine Tamimoto），一个政府的心理治疗师，正着手为艺术家本杰明·梅杰治疗，本杰明邀请她去一个“倾听者”的展览会。在展会上，凯瑟琳发现一个来自弗洛伊德博物馆委托的艺术装置——“听”。在这里她终于得以倾诉一个一直困扰着她的噩梦。

凯瑟琳参观弗洛伊德博物馆后，获得了很多来自弗洛伊德的研究启发，她决定将这些启发运用到自己的心理治疗实践中。但关于本杰明·梅杰的秘密一直没被破解……或许他是？

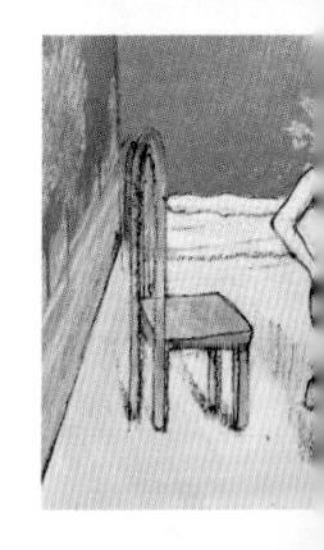

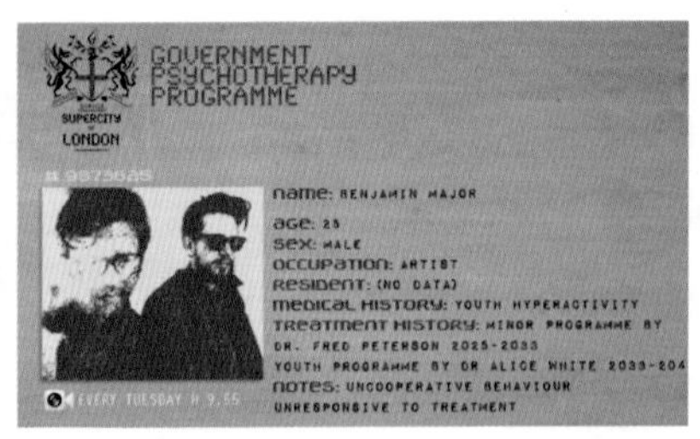

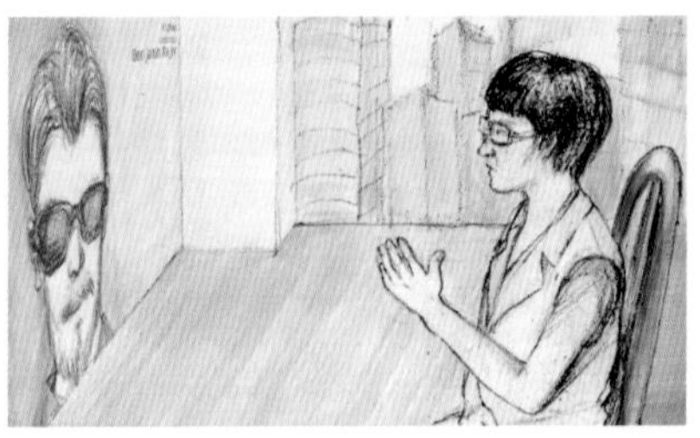

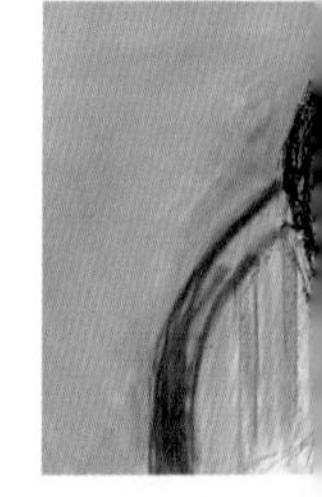

聆听者
The Listeners

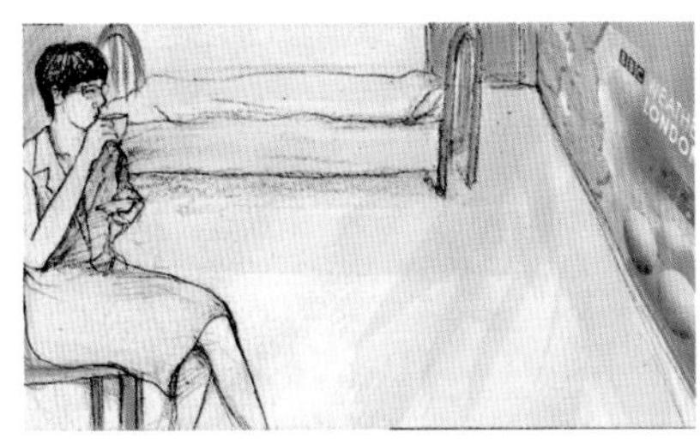

● 这个未来的故事描述了由内向外扩展的博物馆体验。博物馆的地位被改变，它成为提供心理逃避以及应付每天压力的治疗出口。提案设想了一个连接无限内容的世界，在受到外界环境的资源(文字、录像、声音)不断的刺激下，最终导致信息过盛的严重症状。诸如压力和焦虑等情况成为一种常态，博物馆提供逃离城市环境，思想中断而又重新接合的触觉体验。

故事中，主角走进一个画廊空间——主要博物馆的一个节点。她进入了一个“聆听荚”，随即落入了乐而忘忧的沉思境界。在这里，极其融和的界面使参与者放松进入被动状态，然后艺术品开始回应主角，她也渐渐掌握了控制权，成为与展品互动的积极参与者。将来，博物馆需要考虑权力的分配和互动体验的掌控。互动过程会变得更流畅和有反应，同时会传递个别修订的信息。另一个场景是当主角被带入一个四面墙上屏幕都放映着宁静的户外风光的房间，一个闹铃的干扰铃声随之传来。这个自然和科技之间惊人的对比表达了善解人意的环境以及人类福祉的重要性。

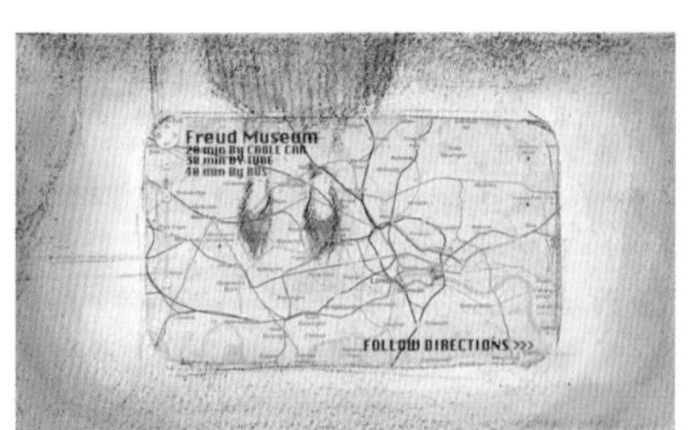
Freud Museum
FOLLOW DIRECTIONS >>>

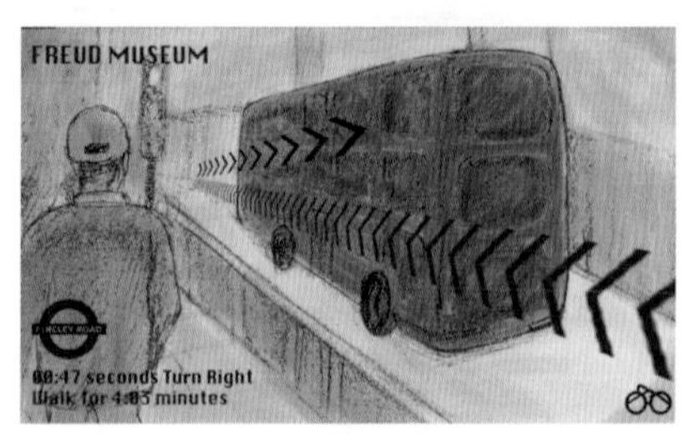
FREUD MUSEUM
00:47 seconds Turn Right

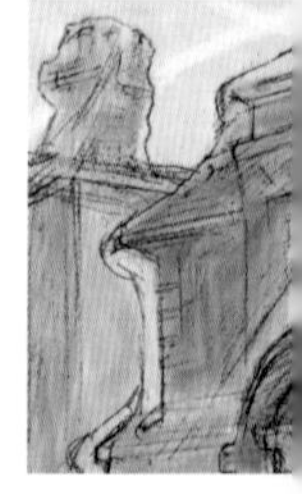

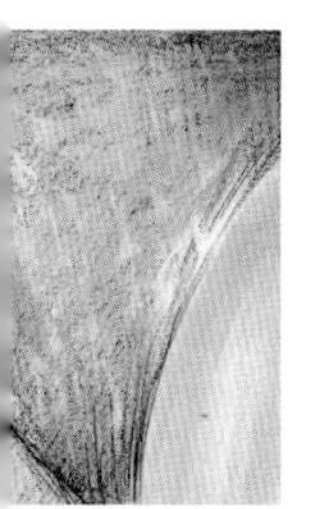

故事还简要地论证了当主角从画廊空间走到主博物馆时城市化的严峻影响，气候变化以剧烈的风、雨和永久的黑暗影响了城市的生活。科技协助人们在一个暗藏危险的城市环境中导航，博物馆能否在减缓气候变暖过程中取得积极作用？在这个背景下，文物和传统博物馆设施又将如何受影响呢？

设计团队：
Federica Mandelli
Kassie Wong
Tracey Taylor
Yamin Zeng

英国皇家植物园
Kew Gardens

英国皇家植物园建立于1759年。作为一个旅游景区，英国皇家植物园在植物科学和植物保护，发现世界植物多样性，保护未来植物生态，促进植物的可持续使用以及提供优美观赏环境等方面都处于世界领先地位。

2020年，极端天气已经破坏了地球上的生物多样性，只有少数的生物能在无保护的条件下得以生存。2040年，英国皇家植物园博士研究员Patrick，正在开发一个具有保护性的物质，能让植物种植在户外。尽管他的工作很重要，但他并没有收到他期望的财政支持。

Patrick与他的祖母Rose会面，他祖母坚持认为他可以通过任何方法继续他的工作。第二天，他收到一条来自园丁Guerrilla的消息，说Rose已经被绑架了。作为赎金，他必须交付“千年种子银行”里已经被他的保护性物质处理过的种子。

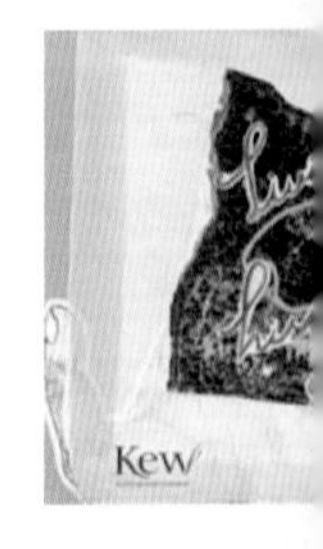

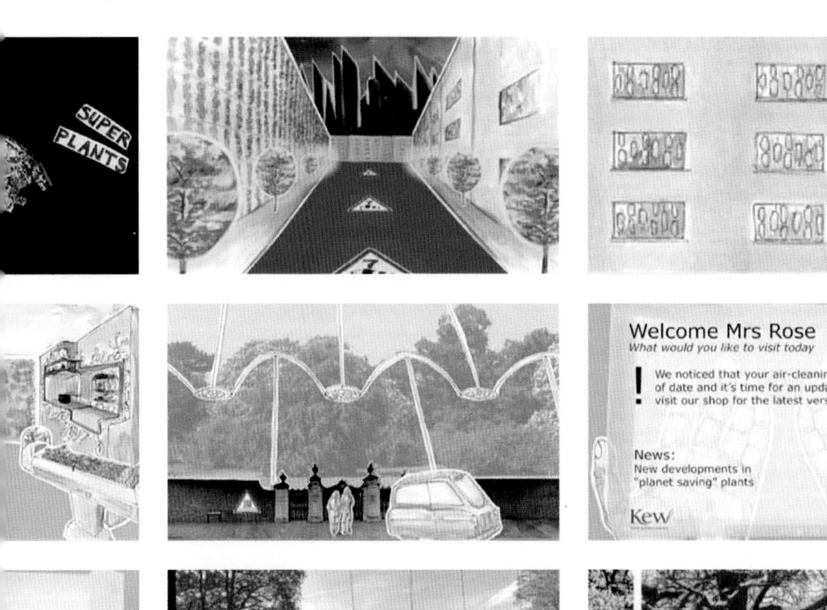

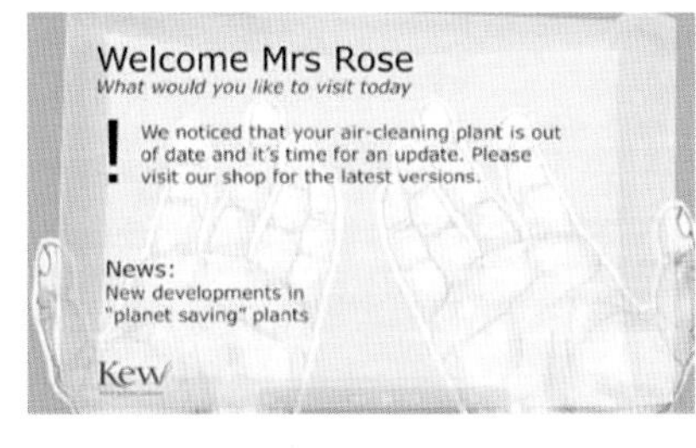

亲历历史与超级植物

Living History and Super Plants

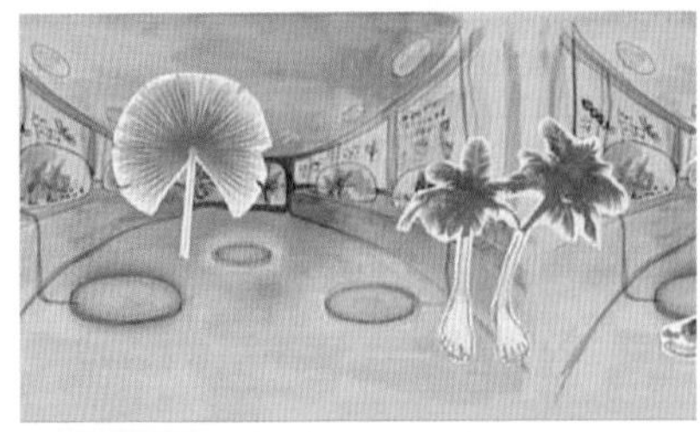

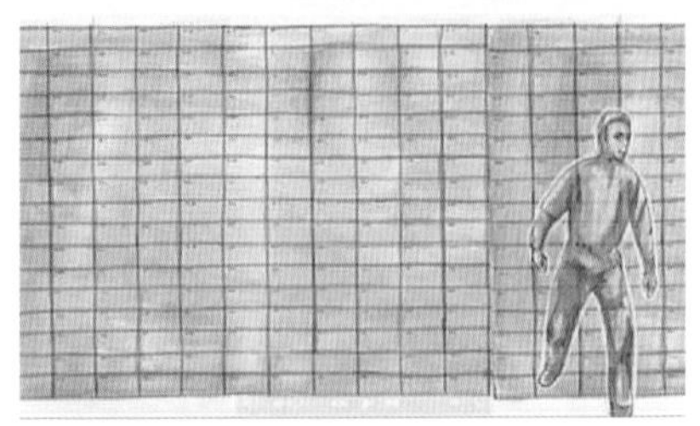

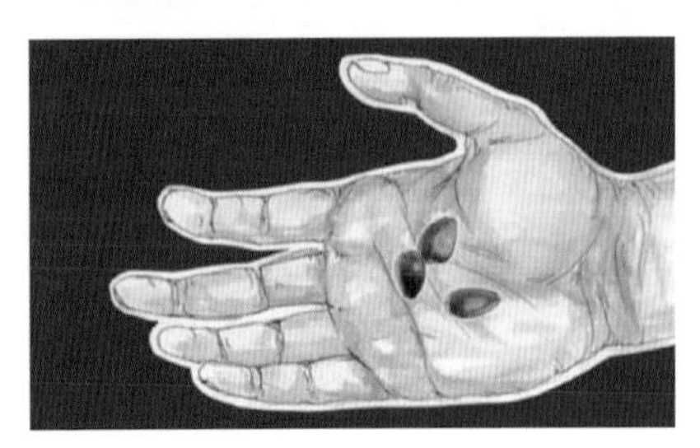

● 此故事展现了一个日益萧条的未来，特大城市的居民丧失了方向感和敏锐的感官，人与人之间因而日趋隔离。可是，庞大的数据和自我监控机制为个性化提供了资源，并策划个人体验。它成为一种推动正面情感参与的手段，并与特大城市的环境挑战形成了鲜明的对比。由此，博物馆将继续以体验为主导驱动。

最后，它描绘了这样一个未来：博物馆成为暂时撤离未来特大城市所造成的不利条件的地方。在温室效应、气温上升和污染城市的有毒烟雾的影响之下，博物馆中的植物有着另一作用：监测、控制健康的二氧化碳和空气质量情况。为了装置和保护这些活的展品，博物馆在参与研究和发展活动的同时，加入了保护的角度，它加强了博物馆作为在未来语境下生物多元化的中介——一个潜在的避难所，一个植物群和动物群的保护平台，或是人们用以躲避天灾人祸、疾病和战争的场所。而更坏的情况是博物馆资源完全被私有化。鉴于此，博物馆需要考虑私人和公共议程的影响。

设计团队：
Sonia Kneepkens
Feliciatas zu Dohna
Ilias Michopoulos

维多利亚与阿尔伯特博物馆

Victoria & Albert Museum

伦敦的维多利亚与阿尔伯特博物馆是世界上最大的装饰艺术与设计博物馆，在馆内的145个分馆里囊括了横贯5 000年历史，超过450万件的永久藏品。它成立于1852年，并以维多利亚女王和阿尔伯特亲王的名字命名。

到2040年，全球将达到100亿人口，其中，老年人口将有20亿人。届时，世界将向更加平等的方向发展，为此，英国决定将其曾经掠夺的古物与文化遗产交还给它们原来的国家，以示英国为世界平等化作出的重要努力。

一位祖父带着他的孙子参加了博物馆发起的“送文物回家”项目。在这个长达五年的项目里，他们登上了去往中东的游牧博物馆列车，从摩洛哥直到乌兹别克斯坦，将博物馆收藏的文物送回本土。在此次旅途中，孙子发现了祖母留下的宝盒，并将它一起送回了祖母生前的家乡。

游牧博物馆
Nomad Havens

● 这个项目描绘了博物馆在较大城市和全球化语境下的重要性。当大众注意力转向日益紧密连接的网络时，博物馆把未来的观众体验历程从馆内扩展到文物的起源国。随着加入了大众运输系统。这项方案呈现了另一个业务模式下身兼旅游导览和国际事务大使的博物馆。故事探讨了博物馆去除保护文物以外的角色，在日益全球化的社会，把文物送返来源地的举措体现了文化意识。在政治高度不稳定的局势下，这个行动可以缓解政治紧张。它同时提供给博物馆一个发展成为外交和文化关系的协调人的机会。可是，如果全部展品都回归了，博物馆的空间会变成怎样？当三维打印变得普及和可以负担时，这种价值如何体现在原件的转变？博物馆需要考虑暂时和永久的展览方面，重新估测他被引进商业所带来的价值。这个故事还设想了一趟横跨中东的火车之旅，乘客除了享受文物来源地相关机构所策划的正宗体验以外，还可以在列车上观看展品。博物馆利用本土交通基础设施去搬运文物，将来也可能需要考虑其专业知识如何使收入来源多元化。

设计团队：
Ling Han Liao
Chirag Dewan
Yan Xian Li

HE TIMES

Breaking News

OURNEY OF
LLECTION
CK TO ITS
GIN. - V&A

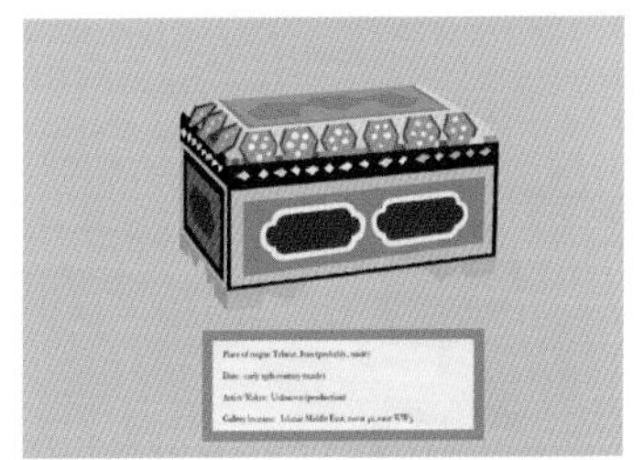

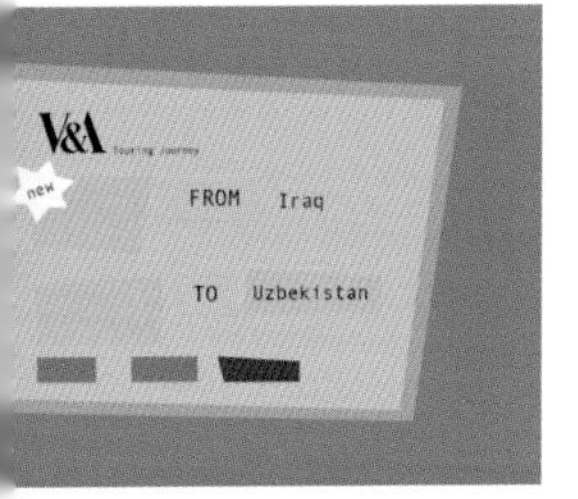

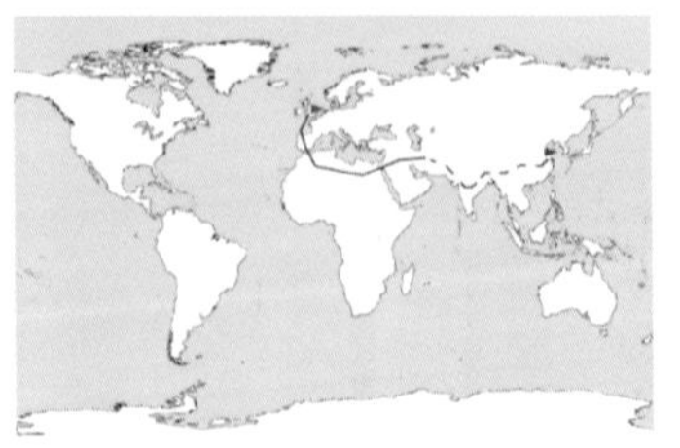

华莱士收藏馆

Wallace Collection

华莱士收藏馆是一座位于历史悠久的伦敦街屋的国家博物馆。它拥有25个展间，展示法国18世纪的绘画、家具、瓷器、大师作品以及一个世界级的军械收藏库。博物馆中的作品是在18、19世纪时收藏的，并于1897年捐赠给国家。

2035年，科技的高度发展使其渗入到城市的每一个角落。Leona身为一个典型的城市居民，着魔于科技力量的同时，也对自己的独立感到佩服，虚拟丈夫的存在足以让她满足于现在的生活。然而，当她决定成为华莱士收藏馆的"新世纪收藏家"时，一个神秘的老太太进入了她的生活，扰乱了她的秩序。

同时，一场毁灭性的数字病毒灾难给这个城市带来了混乱，Leona因此失去了虚拟丈夫以及她一直以来所依赖的科技，但华莱士收藏馆却一点没受到影响。当Leona再次拜访时，却意外解开了神秘老太太和华莱士收藏馆之间的谜题。

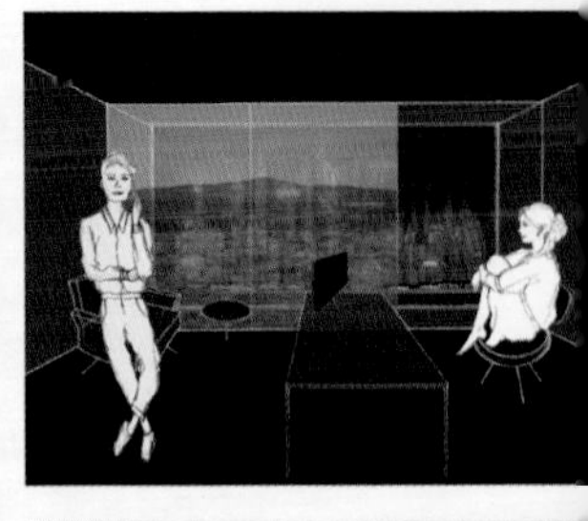

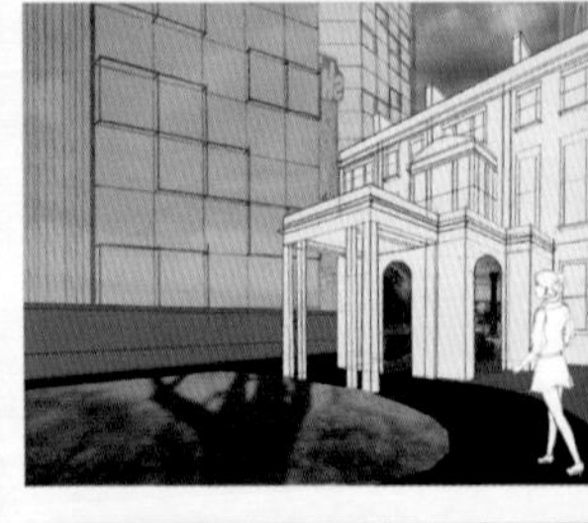

新世代收藏家
New Collectors

设计团队：
Chin Kio Lei
Margriet Straatman
Szu An Yu

● 在未来的世界里，对科技的不断依赖使实体与虚拟的界限将被消除。在这个方案中提及了上下两代之间僵持的矛盾，女性人口远大于男性，社交接触偏向线上和虚拟，数字世界普遍取代现实世界。透过渗透博物馆内外的科技，在实体领域的积极的博物馆体验得以加强。故事评论了我们对“在线”的沉迷，当涌现的千禧一代成长为天生的网络用户，在博物馆融入了更多联系个人和数字体验的冲击下，使那些不具有行动装置或无线装置的博物馆成为了异类。最充实的博物馆体验将会是数字和模拟之间的适当平衡。当新兴的科技和数字基础设施被广泛使用时，博物馆内有形的文物实体最终会被重新考量。

由四组来自不同专业背景的研究生分别来探讨未来博物馆的可能性，将伦敦最受欢迎的四大博物馆当作研究对象。学生们基于一个坐标轴，用矩形划分出未来博物馆的四种相反的极端：参与性、观赏性、常设性以及临时性。

参与性：博物馆提供了积极的活动。从这个层面的空间和体验来看，博物馆通过互动和参与，吸引并鼓励观众。

观赏性：博物馆邀请观众去观赏和学习。从这个层面的空间和体验来看，观众扮演了更为被动的角色。

常设性：博物馆提供常设展览。从这个层面的空间和体验来看，这为博物馆提供了一个稳定的参观程序以及对展览内容的维护。

临时性：博物馆空间和时间的临时变动。从这个层面的空间和体验来看，他们可以是被委托的、短暂的、移动的或是自发的。

四个象限清楚划分出四种不同类型的博物馆，每一个象限都代表着每一组学生对未来博物馆想象的特质。每一组学生使用四个不同象限的博物馆特质制作动画影片，融合多种可能性。这些成果将使企业政府以及相关单位得以产生不同的未来策略，而不是单一固定的未来。

调研的三个阶段

第一阶段

学生开始分析调查2040的未来：

一、社会与生活方式的改变

二、科技的发展

三、经济的变化

四、环境的改变

五、政治的变迁

同时，学生也前往博物馆收集数据，并与参观者交谈，了解观众的身份和需求。

第二阶段

学生开始想象并手绘未来两位主角的一天，并赋予他们的故事场景以一个难忘的标题。以他们在调研过程中确定的问题为核心，紧扣主题，开始完善和发展他们的故事及叙述，并通过观众的眼睛逐步展现未来的情景。他们以独特的未来世界和生活角色来展示他们的遭遇，以及和未来的空间环境的相互作用。

第三阶段

学生通过动画短片和声效来进一步发展他们故事的叙述方式，并不断修改和完善人物和情节，以讲述一个引人入胜的故事。故事体现了未来变化的动因，描述了未来博物馆的空间和服务，并创建了观众可识别并值得信赖的未来博物馆特性。

智能刺绣

—————

开发纺织品设计的
新维度

E-broidery and Interior Embroidery

-

A new dimension in the design of textile fabrics / Embroidery on non-textile surfaces for the interior sector

传统的刺绣工艺能进入未来生活中吗?

光可以成为纺织品材料的一部分吗?

在智能化高速发展的未来，
纺织品的特性、外观和用途
将发生怎样的变化?

纺织品的表面可以呈现动态的视觉
效果，并根据环境进行变化吗?

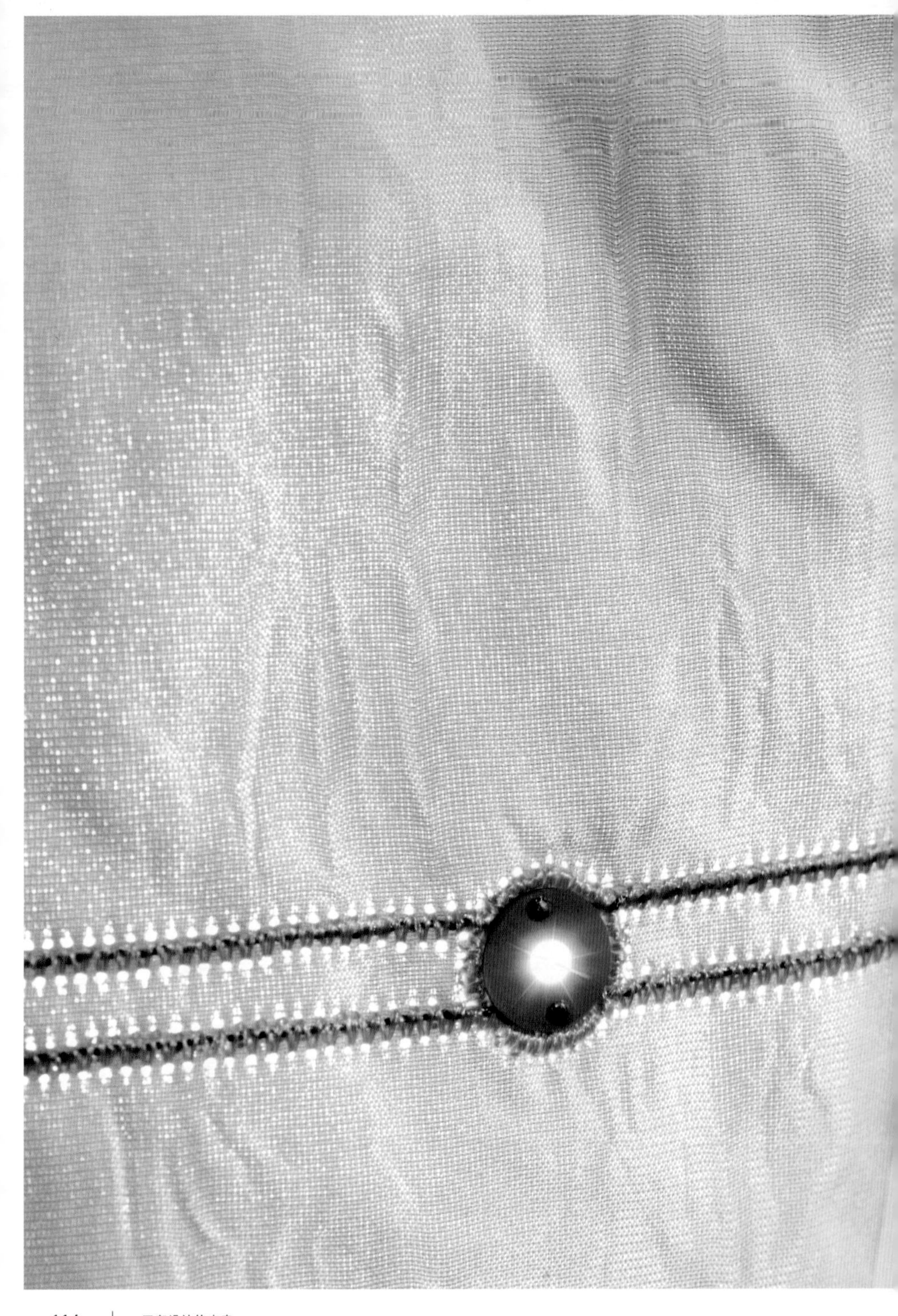

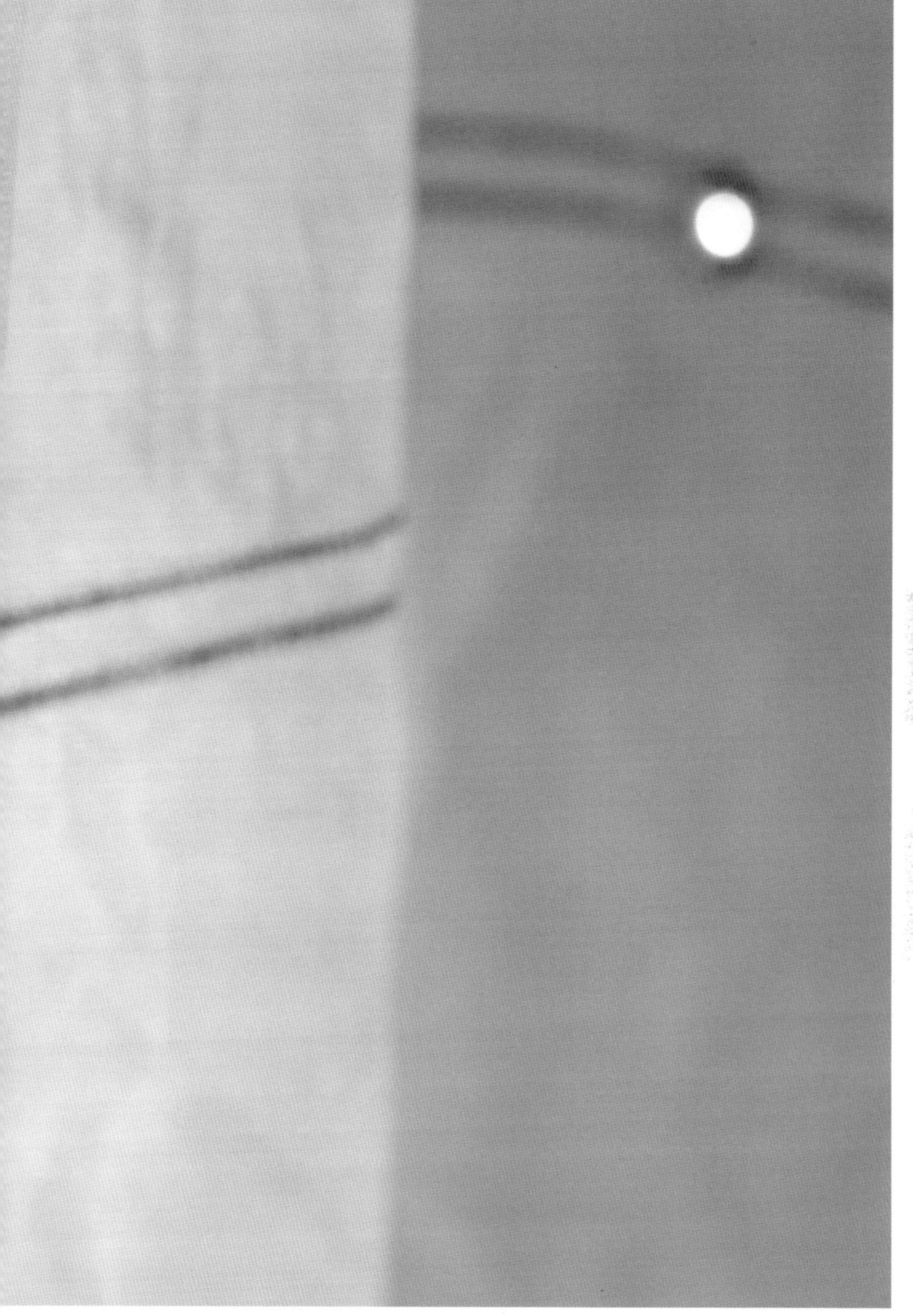

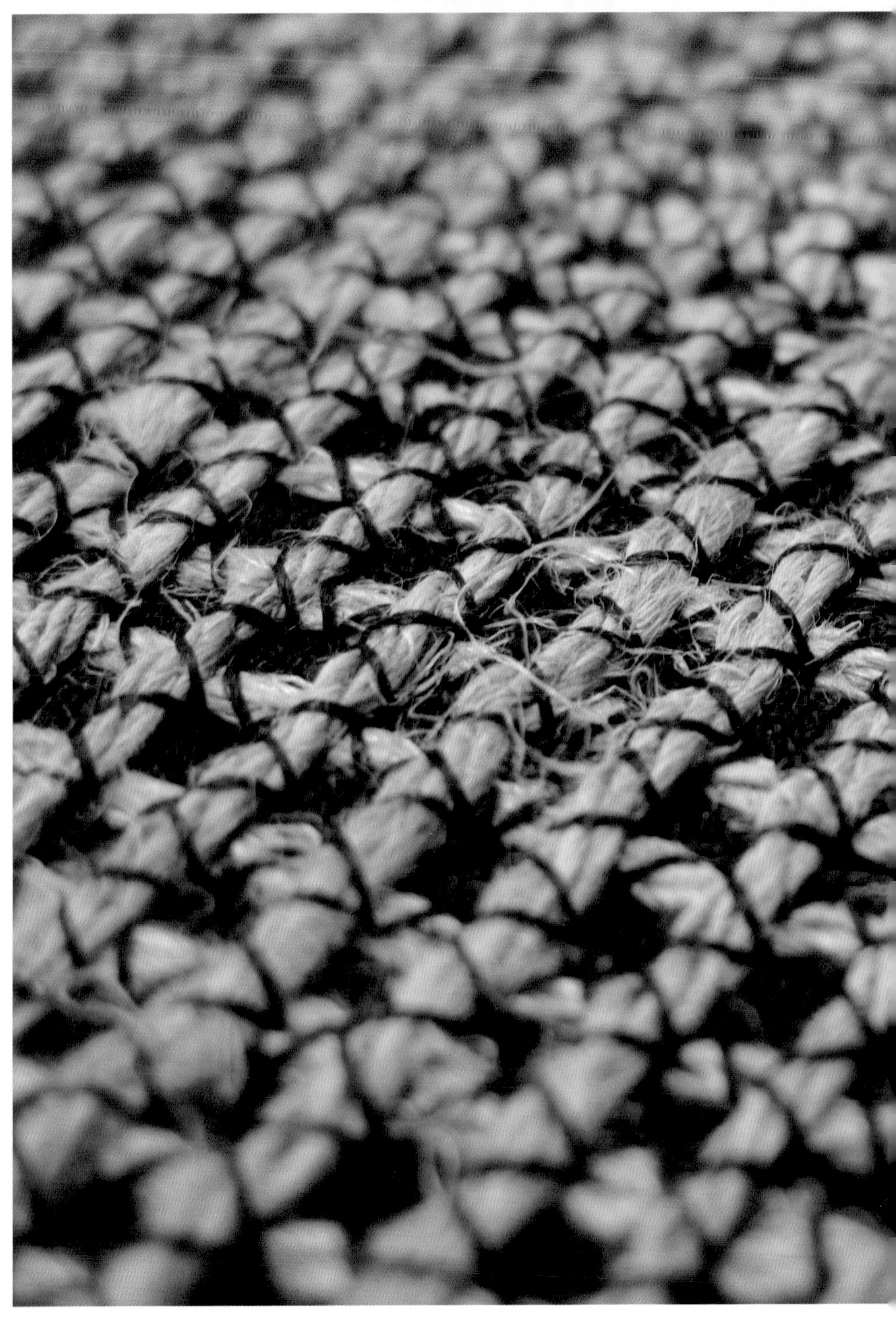

据说，未来我们将生活在一个更加智能的世界中。这并不意味着我们将会成天跟晃来晃去的屏幕和缠成一堆的电线打交道，恰恰相反，“智能”似乎打算穿上隐身衣，“消失”在我们生活的环境中。

“普适计算”（Ubiquitous computing）最初由美国信息科学家Mark Weiser提出，目前来看，我们的生活环境可能会因这一概念而改变。由于计算设备的尺寸将会缩小到毫米甚至纳米级，所以，一切塑造我们生活环境的材料都可能具有计算和交互的功能，而且这种计算和交互并不只依赖人的命令行事，而更多是以“自然”的方式来发生。

当这一概念被导入到织物，也就是我们的“第二皮肤”之中，会怎样改变我们的生活呢？

瑞士的卢塞恩应用科技与艺术大学就正在进行这样的探索与实践。整个项目被命名为“智能刺绣”，除了概念研究之外，具体方向有两个：一个是“电子刺绣”，主要是对于织物组织的智能化探索，比如借助所谓“刺绣”手法，给织物植入感应能力，或者把非物质性（例如光）与物质性融在一起等；另一个是“室内刺绣”，对通常的室内空间材料比如木头、金属、玻璃等进行“刺绣”式改造，这样就会出现很多介于原材料（硬）与织物材料（软）之间的可能性。随着这样的探索与实验，织物这一古老的定义已经被改变。

就整个“智能刺绣”的概念而言，本书中所展现的还只是一些初级成果，就织物的智能化这个大话题而言，全世界的相关研究也都在面对一些非常现实的问题，比如织物的耐用性和可清洗性，但无论如何，这扇门已经打开，不是吗？

研究机构：卢塞恩应用科技与艺术大学	The Lucerne University of Applied Sciences & Arts
卢塞恩艺术设计学院	Lucerne School of Art and Design
国家：瑞士	Switzerland

涉及领域： 新媒体 / 材料学 / 产品设计

早在18世纪末，纺织已经是瑞士的支柱产业。作为一个传统工艺，在层出不穷的新材料和替代品面前，精明的瑞士人并没有踯躅止步，而是巧妙地通过对传统技艺在选材、应用范围方面的大胆改革和与不同学科领域的跨界合作，重新开创出一片崭新的天地。

轻巧柔软的丝帘上散射着闪烁的灯光，质地坚硬的木材上绣出了美丽的织纹，就连看似简单的团纹壁毯也是科技先锋3D打印的产物……这些蕴藏了无数精密高端科技成就的结晶，为大众带来高品质的崭新生活空间，同时也让人们对材料的定义和使用有了更宽泛的拓展。瑞士卢塞恩艺术设计学院无论从对历史工艺的传承还是在未知领域的大胆尝试都令人耳目一新。新产品立足传统工业优势，着重于材料和行业的开发，背后支持这一研究的设计理念正是瑞士人引以自豪的"应用学研究"。

所谓科研，在严谨但讲究实际的瑞士人眼里，并不是象牙塔里的基础科学理论研究，而是与现实生活、民生需求息息相关的实际应用。在欧洲，理论与实践的结合不但有良好的社会基础，同时也得到了政府和企业的大力支持。Andrea Weber Marin教授和她的同事lsabel Rosa Muggler坦言，她们的工资就是由政府出资，但研究的课题和经费则需要高校和企业的强强联手。这种基本构成加上公众对科技的了解度而形成了良性循环。

从根本上来说，瑞士人在开始一项研究的时候，背后往往有一套严格的理论体系和执行步骤，从立意的考量到系统化试验再到设计字母表，直至样品的定型和最后投产，每一步都有反复的研究和审慎的考核。虽然在研制阶段会显得缓慢，但最终的成果却能给人带来惊喜，而且马上可以投入实际使用。瑞士人注重本国整体工艺体系的不断完善和发展，所以才会有纺织产品与建筑的跨界（纺织品直接作为建筑材料的应用），丝织物质与灯光的一体化（会发光的窗帘等）等不同行业大跨度的交叉结合。“以人为本”在这里，是以一种关注民生共同发展的姿态来呈现的，这也许与瑞士国土小、资源少，国民一致希望维护自身优势、追求可持续发展的立国根本不无关系。

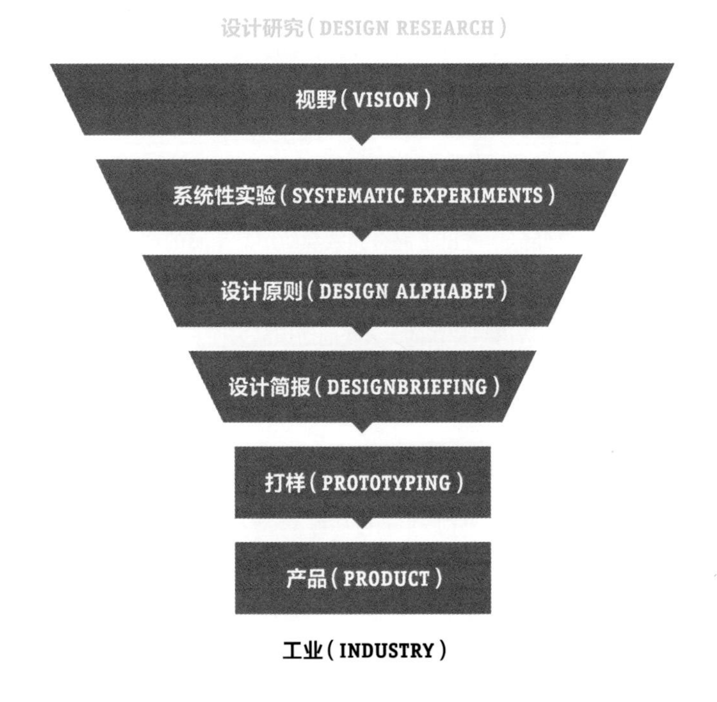

纺织业之光：面料设计的新方面

Light in Textiles: A new Dimension in the Design of Fabrics

想象我们把光和纺织品结合起来，使纺织品的表面变化多样。光线和纺织品的结合可以创造出一个全新且颇具新意的产品。用户可以观察智能、闪闪发光的纺织品所呈现的不同图案，也可以体验这种纺织品表层的微妙表达。这一新的产品源自把两个相互矛盾的特点："非物质性"（光线）和"物质性"（纺织品）融合在一起。

智能刺绣指的是带电子部件，如LED、感应器、太阳能板等，且应用了刺绣技术的、创新性的纺织产品。该研究项目旨在开发符合工业标准的刺绣流程，为国内外市场生产智能刺绣纺织品。瑞士刺绣公司Forster Rohner AG、室内纺织品公司Création Baumann和卢塞恩应用科技与艺术大学设计艺术学院通过一个跨学科的项目小组共同开发了这一应用科学研究项目。

经过三年的开发实践，在瑞士技术创新委员会的资助下，这一新的智能刺绣技术已经能生产出了混合光效和纺织品手感的产品。光效为人们打开了纺织品设计的新方面：通过把光效和不同的纺织品表面和颜色效果结合起来，创造出一种新的、多变的纺织品表面。智能刺绣技术所需的纺织布线、LED生产和集成以及其他创新步骤都已经实现并投入工业流程生产中。

在针对未来目标人群进行了广泛的市场研究后，"智能刺绣"团队从设计的角度更清晰地定义了原来的设计理念。"在成本方面，我们必须遵循技术要求和市场要求，最终满足未来用户群对产品可用性的预期。但我们可以以这一狭小的框架为参考，分析系统实验的结果，使我们开发的设计原理成为技术决策和原型开发的最终标准。我们可以控制新的智

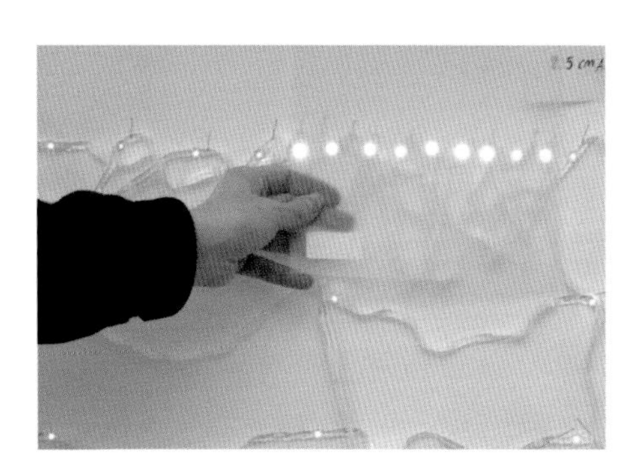

能刺绣纺织品上的图案的亮度和动态效果，也可以将其关掉。”

因此，同样一块纺织品可以展示多种图案。在设计的过程中，形式、颜色和材料等静态元素和光线这一动态元素结合到了一起。图案是为某一特定的环境、应用和目标人群而设计的，也适合白天和夜晚的场景。智能刺绣纺织品会随着时间而改变图案，在房间里创造出独特的氛围。第一批光线纺织品是eLumino窗帘，现已被Création Baumann引入市场。此外，光线纺织品还被用在台灯、服装、活动服装和睡袍上的安全应用等。

项目负责人：
Forster Rohner AG公司的Jan Zimmermann博士、卢塞恩应用科技与艺术大学设计艺术学院的Isabel Rosa Müggler和Andrea Weber Marin教授

项目合作方：
Création Baumann AG.
NTB Buchs

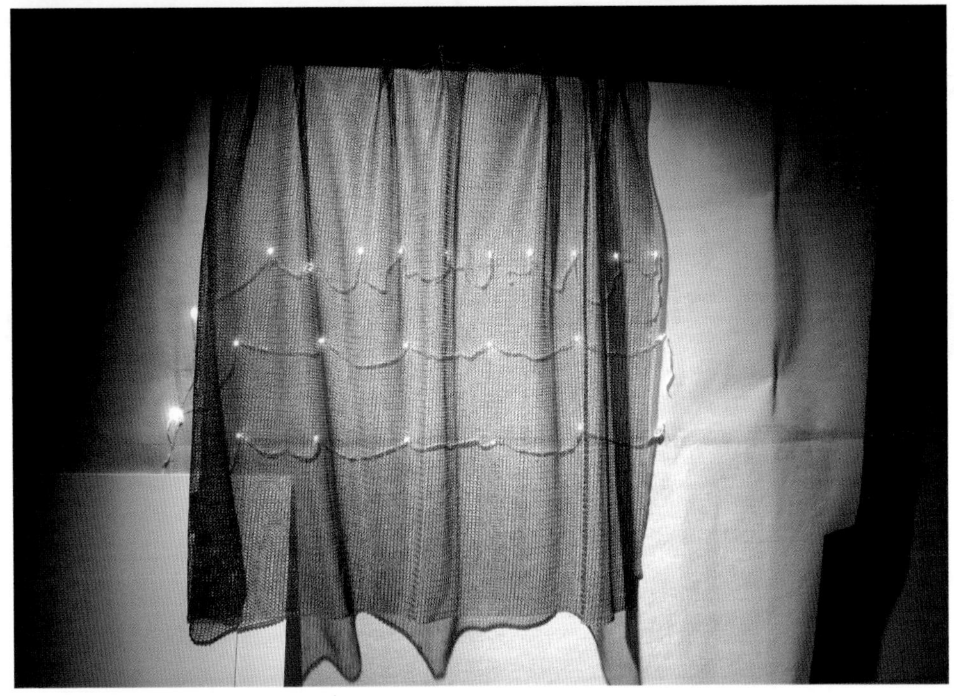

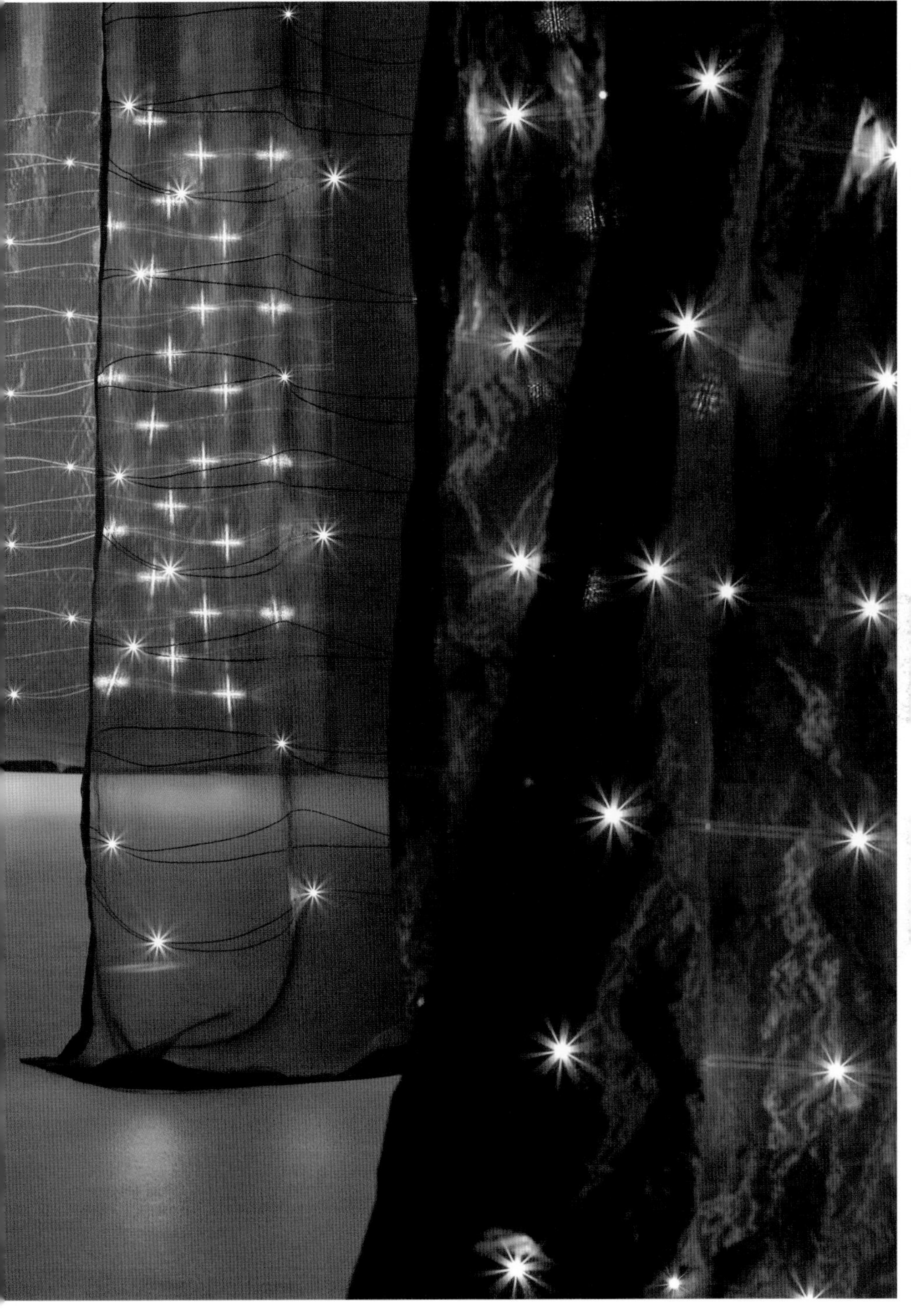

室内产品：刺绣的新媒介
New Surfaces through Industrial Embroidery on Textile and Non-Textile Materials

通过纺织品刺绣技术为木质表面增值，赋予室内装饰新的图案和非凡的柔软触感。此外，通过缠绕反复缝制的纱线，使平时硬脆的木头更具纺织品的特点，从而使木饰面板在室内设计和产品设计中的应用更加多样化。该项目的强大动力源自对室内设计和产品设计未来应用可能性的想象，促使我们决定开发新的生产流程，从而创造出这些创新的木质表面。

为了在现有的工业规模中实现这一目标，项目组制定了技术标准，确定了从面板生产到刺绣到家具制作的具体、合适的生产链。此外还发明了一种全新的设计语言，探索了刺绣技术适应室内设计的极限。通过这一新的设计理念与技术知识的结合，建立新的商业关系，使传统刺绣从时尚业走向室内设计市场。

根据现有工业环境和要求，刺绣在许多面板和纱线材料上进行了尝试，对密度和设计进行试验。纱线和绳绒线、皮革、麻绳、金银纱织物毛纺线都不尽相同。每种线都被缠绕在或明或暗的木制面板上，表达多样的、小的主题（大概8米 × 8厘米）。这些主题代表了木质刺绣的产品语言：从非常密集到宽松的织线，从带有锐利边缘的几何形状到带有3D刺绣效果的整体。这些系统实验一方面揭示了技术的边界以及材料新的功能和美学特征，另一方面，由于早期设计师和技术人员之间的合作，项目组在新的产品语言中找到了共鸣，将传统的刺绣应用于室内设计。通过参考项目伊始制定的详细的设计理念和标准，我们可以对系统实验的结果进行有选择性的挑选，以便展示技术可行性和室内设计的设计语言。

室内刺绣的设计原理确实表现了材料的新特性。因此木质刺绣必须满足以下标准：

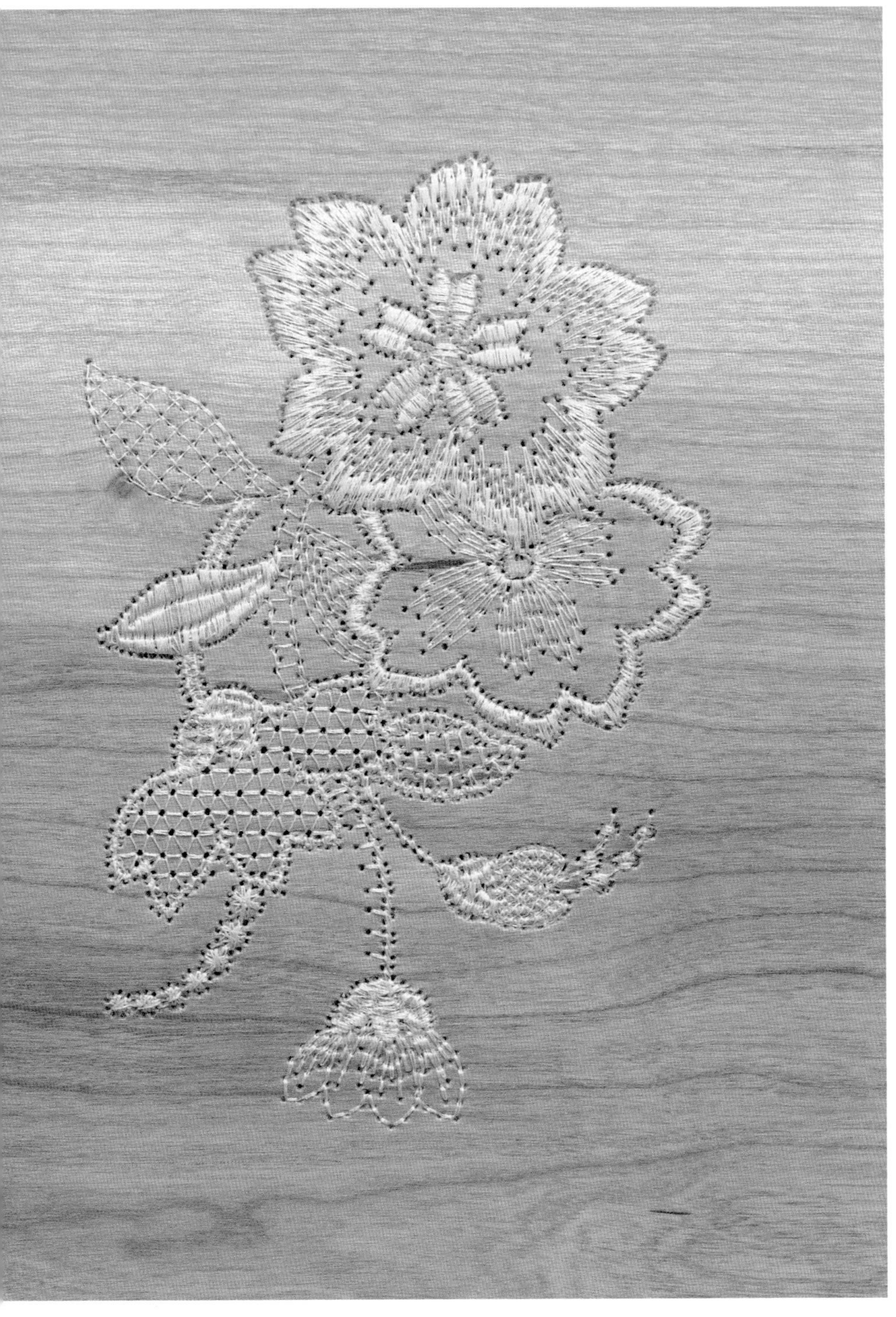

- 非凡的柔软度和（或）3D触感
- 设计的比例适合室内设计，通过木材专家进行进一步处理
- 无法用刺绣以外的技术复制

体现上述标准的样品就是所谓室内刺绣的设计原理。据此可以考虑并启动原型、原尺寸的设计流程和规划。介绍在设计中所选择的材料样品的特性后，就可以将其交给项目合作方，以便据此制作原型。此外还要对木质刺绣潜在顾客群的专业人士进行有针对性的市场调研，以收集他们对木质刺绣未来发展的意见。设计介绍中列出了木质刺绣可能的应用领域，如室内装饰和家具的表面，以及立体刺绣的家装材料等。

该项目收集到了多种产品原型，并通过使木质刺绣的设计选项视觉化的材料展示了“室内刺绣布景”和所谓的“工具箱”。这些原型表现了木质刺绣应用的可能性，以及室内刺绣的美学潜力。在“室内刺绣布景”和“工具箱”上可以方便地找到设计标准，如面板上出乎意料的立体效果和室内设计中所使用的不同寻常的纺织材料等。此外，这也表明设计必须遵循特定的方针，如刺绣设计的线不能和木材纤维平行。工具箱和室内刺绣布景中对中性化的样品颜色的选择不会影响未来项目的设计方向，反而会有助于设计语言的多样化。这是为了促使瑞士刺绣公司的设计师和顾客对其进行更广泛的应用。因此这对业内设计师来说是一个重要的工具，他们可以利用这一工具开发室内刺绣产品。

不仅为了“刺绣”

产品和纺织品能力中心专注于和业内合作方在纺织品设计领域的应用性研究。这些项目有许多都是跨学科项目，因此设计方法和工具都是为了更好地和合作方进行交流，以及在以实践为基础的设计研究环境中进行经验性应用。

产品语言理论在产品设计过程中已应用多年，产品和纺织品能力中心在早期修改了这一理论，以适应纺织品特定的特性、外观和用途。为了使这一理论适用于纺织品设计研究项目，卢塞恩应用科技与艺术大学增加了新的应用方法：常见的项目设计理念作为研究人员和业内人士交流的工具；通过系统实验实现理念，为项目人员提供决策工具；通过设计原理将新技术解释成设计师使用的普通语言，并通过这种设计语言来干预某一特定产品的目标市场。

项目负责人：
卢塞恩应用科技与艺术大学设计艺术学院Isabel Rosa Müggler和Andrea Weber Marin教授

项目合作方：
IGS, St. Gallen刺绣公司
Sitag AG（办公室家具制作公司和木材处理专家）
ag möbelfabrik horgenglarus（木质家具公司和木材处理专家）

自我非自我

在设计教育中
实现从个人故事到
社会目标的转换

Self Unself

-

a good design
is a personal
design

设计教育中，学生的自我与社会需求的非自我的矛盾是不可调解的吗？创造力是否会在这种冲突中被消解？

一个好的设计能够突出个人特征吗？

什么是设计教育中的“以人为本”？

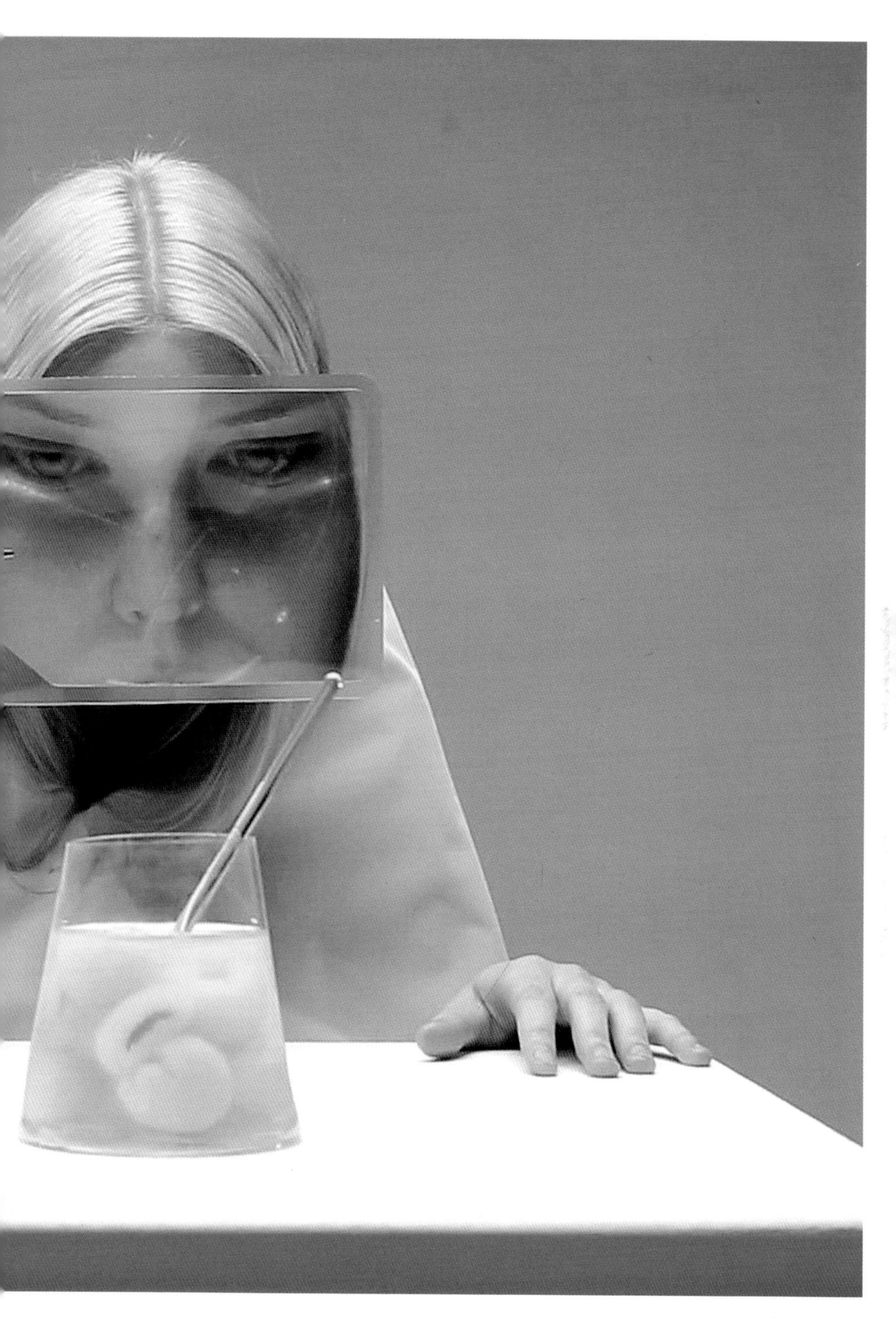

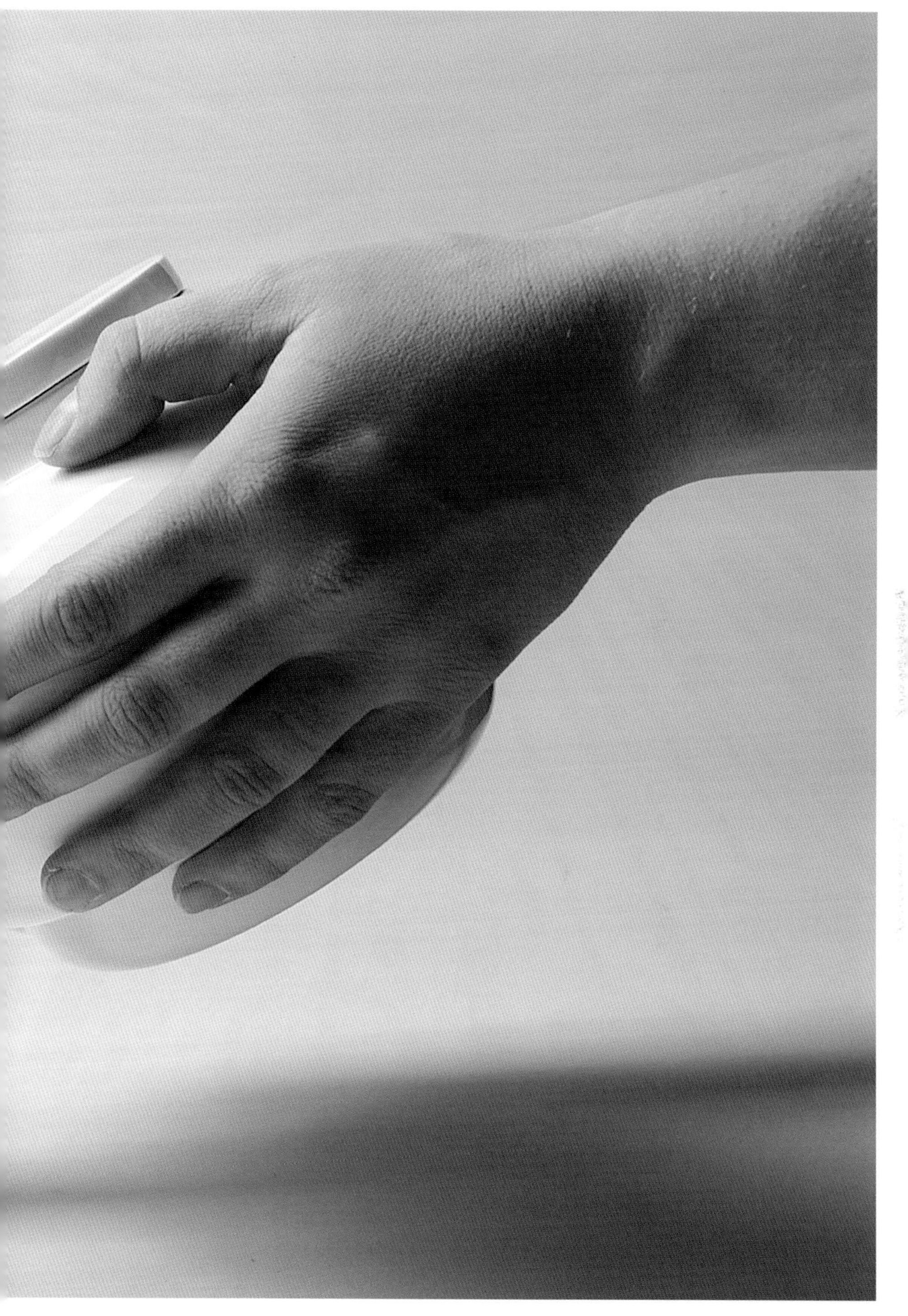

自我非自我，这样的命题每个人都会面对，过去如此，未来也如此。困惑是难免的，最后，我们大多学会了这个跷跷板游戏，在自我和非自我之间时而倾斜，时而平衡。但问题是：最终，人们所学会的，是自我与非自我之间的相互限制？还是相互激发？在这样明显的对立关系中是否真的有相辅相成之道？

如果把荷兰艾因霍温设计学院的整个教育机制探索看成是一个研究项目，“自我非自我”就是他们的研究主题。因为当我们在说教育“以人为本”的时候，最终都会回到这个根本的人性命题上来。

苏格拉底说到教育时曾说：“教育不是把空桶注满，而是把火焰点燃。”也就是说教育不在于灌输知识，而在于激发自我。可问题是：火焰不是有空气就可以燃烧的，它真正燃烧的，是自我。

每个人的自我都是不同的，它都是由每个人自己的成长环境与人生经历所塑造的。换句话说，普遍意义上的那个“自我”并不存在，它注定是由一段段个性鲜活的人生来描述与定义的。因此，艾因霍温设计学院尝试把整个教学机制设定为一种自我激发装置，它会激发与帮助每个进入装置的学生向外认知世界，更向内去回溯自己，顺着内心的愿望，链接记忆中的触点，最终打通一条从自我流向非自我的河流，让创造变成一种自发行为，自内而外缓缓流淌。

这里所呈现的12个小项目，分别出自12个学生的自我，最终凝结成12个非自我的社会创造。

研究机构：艾因霍温设计学院	Design Academy Eindhoven
国家：荷兰	the Netherlands

涉及领域： 产品设计 / 新媒介

“自我非自我”始于艾因霍温设计学院2013年毕业展。“看着毕业生和他们的作品，让我想到了‘自我’和‘非自我’之间的关系。所有的学生作品都是自发的，是他们个人想象、问题和才华的结晶。作品在很多方面都明显地表现了‘自我’。”艾因霍温设计学院的创意总监、执委会主席托马斯·威德肖温说。

但是，许多设计师还探讨社会问题，寻求合作，帮助彼此，尝试新的经济模型，我称之为“非我”。“自我非自我”这一项目的意义在于，能促使设计师对设计在这一不断变化的世界中的角色和功能进行反思。

20世纪90年代初荷兰开始一反国际风格的潮流，重新回顾自身优势，强调荷兰本土先锋派设计。在此大背景下，艾因霍温设计学院也开始着重对学生个性才能的发掘，学院把自己当成一个平台，以设计师为主体的兼职教授们与学生共同探讨、实验一些大家都关心的问题。

艾因霍温设计学院开始对设计进行更深层的思索。环境是给定的，而人是接受环境的载体，以人为中心的设计成为探讨的核心焦点。认识自我、展现自我以及自我批判的能力是“自我与非自我”在艾因霍温的真正定义。

艾因霍温设计学院创意总监、设计师托马斯（Thomas Widdershoven）认为，学生要对世界持有开放的态度，心里不能有太多的限制，对外界的评论和环境影响应该有正确的吸收。“我们不会给学生设立条条框框，甚至手把手地教到细节，而是鼓励学生去发现问题，主动去提供一些智能的解决方案，成就自我，完善自我设计。”当然，这些学生作品中不乏有极端之作，但也从不同侧面体现了学生的主动思索和发现的能力。

不得不说，现代设计已经在多媒体时代有了质的改变。在全方位的信息化环境里创造一个产品，不再是设计师的一家之言，也不再是单向性的“施与受”，终端用户在设计前期就有各种参与的可能，这样的“非自我”方式对设计师而言其实是挑战与帮助并存的一种转变。更多的前期分析取代了传统的市场调查，而后期设计过程中的取舍和立意的决定才是真正考量设计师能力的部分。毕业生Daniela Dossi在荷兰设计界已经渐渐展露头角，这位在设计之都米兰长大的女生，在北欧找到了更适合自己发展的舞台，目前已经在当地和另外一位同窗成立了自己的设计公司，“有忙不完的活儿”。在欧洲不断延绵的经济危机里能有这样的局面，可见“人类与交流”思维方式的重要性。

❶《炼金术士》

The Alchemist

作者：尼娜·凡·巴特（Nina van Bart）

● 生长晶去死皮、足底按摩、蒸汽洗脸——这些只是尼娜·凡·巴特对健康产业的一些设想。根据尼娜的趋势预测，为了追求健康，我们会变成炼金术士，把各种矿物质、粉末和液体混入身体护理产品中。浴室就像个实验室，各种物质相互作用，给我们新的超感体验。“在忙碌的生活结束后，经济危机使我们重新评估到底什么才是重要的。我们将选择更好地照顾自己。”尼娜说道。

❷《排雷器》

Mine Kafon

作者：马苏德 · 哈桑尼（Massoud Hassani）

● 马苏德 · 哈桑尼是个阿富汗男孩，他做了一些微缩模型，小到可以被风吹跑。有的模型被风吹到雷区里，就没法拿出来了。但现在马苏德发明了一个靠风力前进的东西，可以解除地雷的威胁。就像一大束蒲公英种子一样，他发明的排雷器四处滚动，引爆沿途碰到的任何地雷。“阿富汗埋有3 000万枚地雷，而人口只有2 600万。”他说道。每个排雷器都装有GPS定位装置，通过网络连接在网站上标出哪些地区是无雷区。

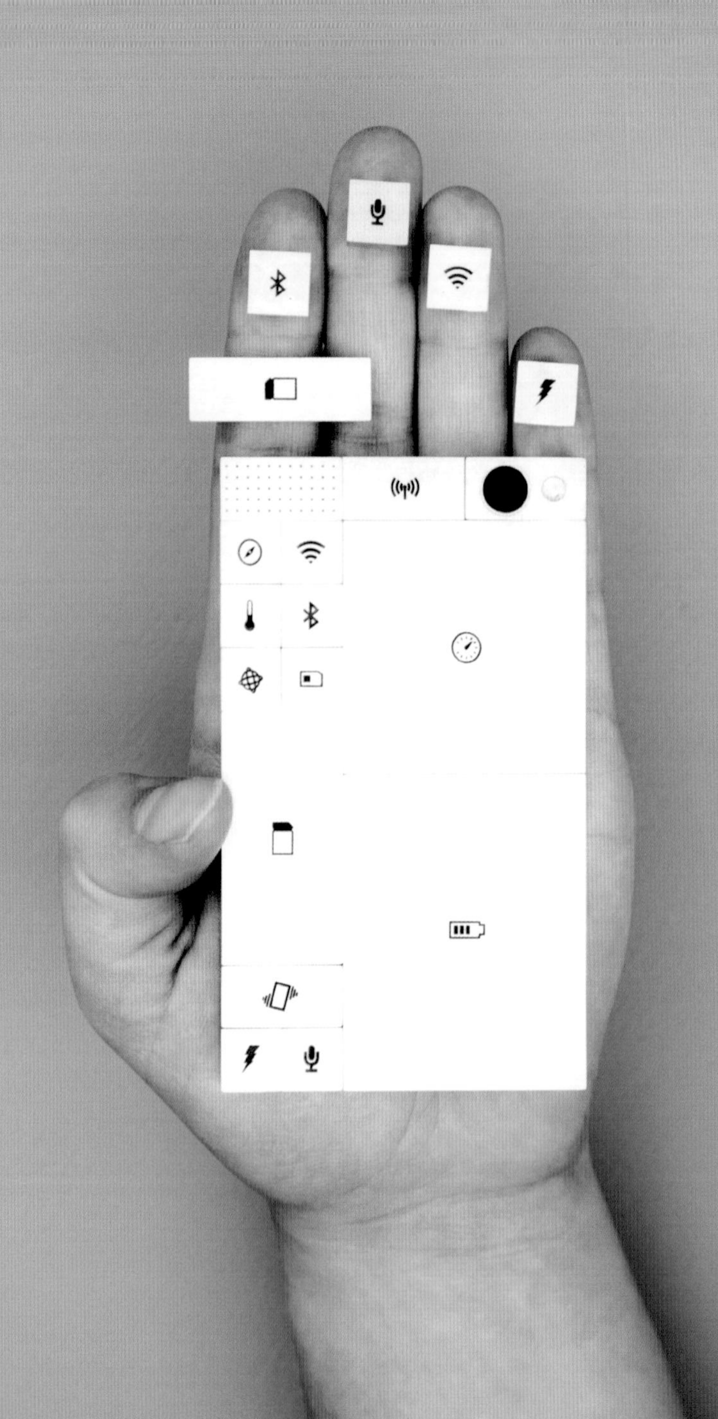

❸《手机街区》

Phone Bloks

作者：戴夫 · 哈肯斯（Dave Hakkens）

● 全世界每年有数百万部手机遭到丢弃，而这些手机很多只是需要维修或升级其中某个零件，而其他零件仍是完好的。戴夫 · 哈肯斯的手机由多个单独的部件组成。通过点击“手机街区”就可以制作一部个性化的手机。这种手机里的每个部件都有其独特的功能：无线网络、电池、显示屏等。你喜欢拍照吗？那就用最好的相机。你在“云端”工作吗？那就可以少用点内存。或者你可以回归手机最原始的功能，选择一块最好的电池。如果其中一个组件坏了或是需要升级，你可以很方便地换新的。

❹《整容手术王国》

Cosmetic Surgery Kingdom

作者：宝拉 · 洪（Bora Hong）

● 该项目探讨了在韩国异常多见的整容手术的情况。作为一名来自韩国的场景设计师，我觉得把大受欢迎的整容——通过改变我们的身体来表达自尊和获得更好的社会地位——和设计作比较很有意思。该项研究涉及许多问题，包括广告、美丽的全球标准、痴迷和痛苦等。该项目还研究了设计在这一整形王国中的角色，因为设计也改变了我们的日常生活，并试图将其变成理想的现实。我选择了多个基本物体，试图将其变成完美的、知名的设计符号。

❺《由内而外》

Inside Out

作者：艾丽西亚·昂盖·佩雷斯（Alicia Ongay Perez）

● 作为一名设计系的学生，我生活在两个世界。在伦敦家里的时候，我感受着我生长的这座城市的勃勃生机。我喜欢街头熙熙攘攘的人群和随之而来的各种各样的垃圾文化。当我回到伦敦的时候，如果在地铁上有陌生人和我起冲突，我往往会有刹那的安慰，因为这让我感觉回到了家。然而，尽管我很怀念伦敦的多元化，当我回到荷兰的时候，我仍非常享受远离家乡的自由。

在我看来，艾因霍温的留学生很少融入当地文化，而是仅仅局限在学校的小小的留学生圈子中。作为一名在荷兰留学的英国人，我不太会为当下的社会和政治事件所分心，这让我可以更重视精神，更加自省。有时候我觉得这种概念性的工作就像一个世外桃源，让我远离社会暴力。昨天晚上我看了一个节目，是关于伦敦穆斯林社区的荣誉处决的，据此我创作了一座花瓶雕塑。克苏斯将概念艺术定义为研究艺术本身性质的艺术——从内心研究艺术的本质。今天我们是否也能给概念艺术下同样的定义呢?我所做的一切是不是在以探究设计本质的名义使创作对象理性化呢?

❻《正常与异常的边界》

The Border Between Normality and Abnormality

作者：奥雷利·霍吉（Aurelie Hoegy）

● 作为设计师、观察者和一个人，我觉得我有责任质疑社会有关人性和个人品质的偏见和错误观念。我希望我们都能从不平衡中发现、研究日常生活的种种仪式。在正常的掩饰下，每个人都有神秘的一面等待被发觉。每个人都是充满活力、热情且疯狂的，只是有的得以显露，有的被压抑了而已。

我们需要这种异化、梦想和迸发的时刻，以便在社会上更好地生存。我相信设计可以帮助我们解放、表达、激发这种时刻，摒弃教条，重塑行为，找出“社会边缘”，如疯狂和异化等。

我的设计研究旨在创造一种工具使枯燥的日常生活——效率低下、不合时宜、机能失调——变得更加诗意和疯狂。我所创作的《麦高芬》（McGuffins）就是用来激发某些情境和行为的工具，他们可以激发我们疯狂地进行实验。

MICRO UTOPIAS
BECOME UTOPIA MAKER
YOGA CLASS

❼《微型乌托邦》

Micro Utopias

作者：丹妮拉·多西（Daniela Dossi）

● 设计如何能激发并支持草根的社会创新？在注意到越来越多的人试图靠自己而不是通过地方政府或机构等官方渠道来解决社会问题时，丹妮拉·多西发出了这样的疑问。她设计了“微型乌托邦”这一由用户驱动的模型来创造一个新的世外桃源。“微型乌托邦”既是一个确实存在的空间，也是一个数字平台。这个设计的概念是社区成员可以利用这一空间和平台来协作，提供新的、非同寻常的服务，填补当地的空白。任何外在的合作伙伴，如二手商店、学校或酒吧，都可以采用这一模型，并提供相应的材料和场地。这样，需求当场就能得到满足，并能鼓励人们使用日常物品，用互惠互利的方式来替代货币。

这一设计有无穷的可能性，其可使用的资源也是无穷无尽的。那些乍看之下随意组合的材料可能会带来意想不到的结果：利用划船机和海景的幻灯片投影可以创造出独特的健身房体验，而当瑜伽老师被多余的气泡包裹住的时候，每个学生都会获得自制的瑜伽垫。“这种由社区驱动的模型往往是最简单、最快速和最可靠的答案；这种简单的解决方案是自下而上的、可持续的。”多西解释道。

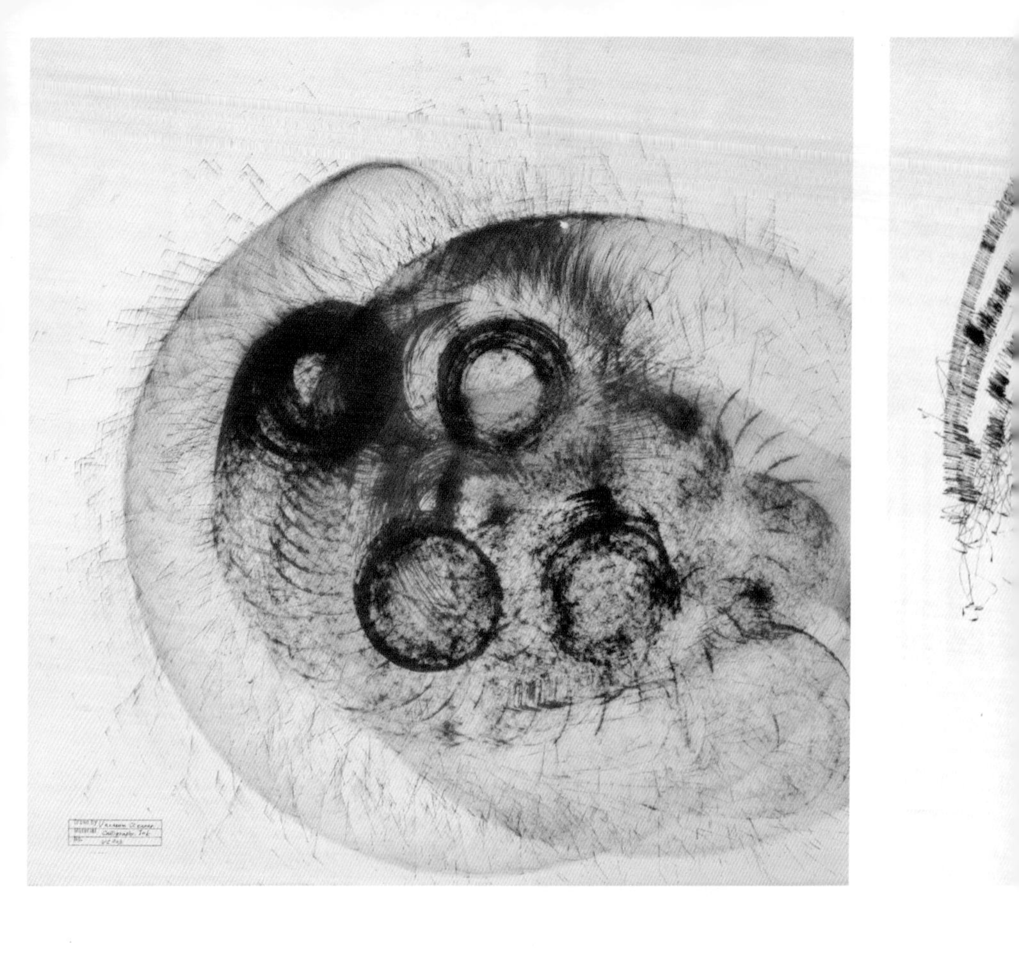
Drawn by
Material
Calligraphy Ink

❽《自动机器》

Autonomous Machines

作者：艾珂 · 玮伦 · 杨（Echo Wei Lun Yang）

● 当下衍生式设计（设计师利用计算机算法来得出多种不同的结果，而不再仅仅集中在一个固定的结果上）的流行与数字设计工具密切相关。这一发展改变了我们对设计是单个艺术家创作的结果的看法。如果由数字衍生式设计师创造出来的这一方法被用到模拟世界中，那会怎样？比如让手摇闹钟、随身听和机械玩具等过时的机器重现辉煌？我对这些过时的机器的实验揭示了它们“内在的”算法。但我并没有创造这些算法，而只是现拿现用，将其变得可视而已。

❾《触摸式茶具》

Tea Set Touch

作者：英奇·凯珀斯（Inge Kuipers）

● 和朋友坐下来喝杯茶享受这放松一刻。但对关节炎患者而言，泡茶并不总是一件易事。现有的能够帮助他们的工具往往看起来很像医疗工具，强调了使用者的身体残疾，降低了使用的愉悦感。“Touch”看起来并不像工具，却具备了工具的所有优点。这一创新的设计适合各种使用者，令提、举和倒等动作变得容易很多。由于整套茶具都没有把手，因此每个动作都需要两只手同时进行，这有助于分担体重，避免茶水溢出，减轻不适感。

share

spam

⑩《对话中的数字模拟》

Digital and Analogue in Dialogue

作者：厄玛·弗尔代尼（Irma Foldenyi）

● 在一年前的一次网聊中，我拿着笔记本电脑给朋友看我的公寓，她突然警告我说，“别把我摔了！”我被这句话逗乐了，从那时开始，我花了一年的时间研究身体和技术之间的关系。我的问题是：我怎样能把数字世界和模拟世界联系起来？

根据“数字模拟”的理念，我创作了两件产品。第一件产品是我在研究过程中发明的一个方法，而第二件产品则是根据这一方法而产生的项目——研究交流工具是如何改变我们的身体语言和姿势的。网络世界，即电脑显示器上显示的那个世界有很多生活中和我们有关的行为、空间和符号，但我们并不能看见它们。

我们如何能够在不否定数字世界的前提下，用人性化的态度把数字空间和模拟空间联系起来？为了把模拟空间和数字空间联系起来，我提出了“数字模拟”，用我们自己的姿势解读其中的想象空间，从而对网络空间进行反思。

MAPPING MALALA 1

MAPPING MALALA 2

⑪《设计新闻》

Designing the News

作者：莫妮卡·艾丽萨（Monica Alisse）

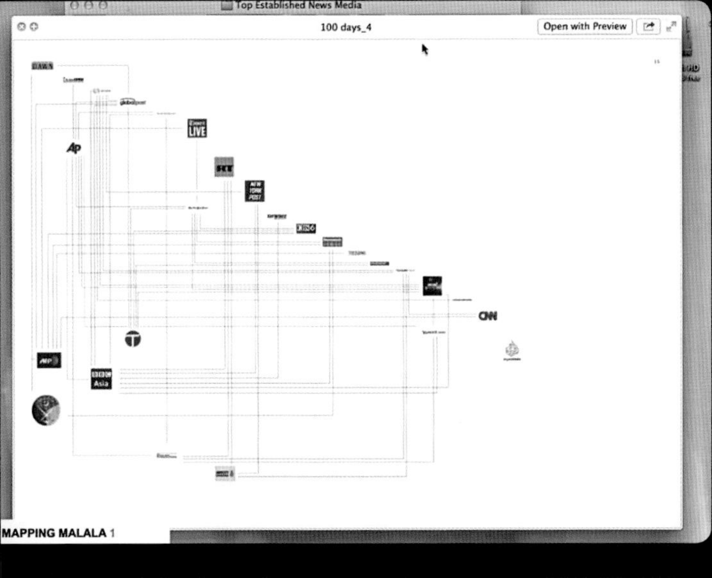

MAPPING MALALA 1

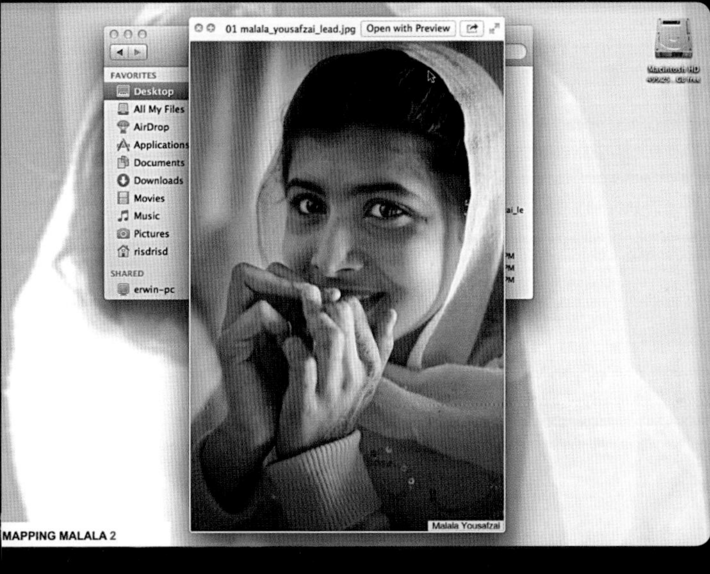

MAPPING MALALA 2

● 2012年10月，一个名叫马拉拉·尤沙夫赛的年轻巴基斯坦女孩遭到了袭击，随之而来的新闻报道让我开始研究美国和巴基斯坦媒体处理新闻的方法。我的目的是研究原本的社会时事报道最后如何被改头换面，或被用来支持某一个可能完全不相关的观点或为其正当性辩护，或与其发生联系，而这一观点却被作为事实呈现。这些作者和媒体是如何一步步解读这一故事的？网络出版和读者越来越多的参与如何影响了我们对新闻的看法？

⑫《中间地带》

Somewhere in Between

作者：特里斯坦·吉拉德（Tristan Girard）

● 我的故事是从我祖父的花园开始的。现在回想起来，我意识到在那里的那几天对我和自然、原材料的关系，甚至对我的设计都有很大的影响。

为了发展，我们越来越沉醉于索求自然所带来的权力感。设计和这种权力感之间有什么联系？这一联系又如何强调我们和自然的关系呢？

物体是自然世界的一部分。作为设计师，我通过观察自然、进行实验来创作。而创作出来的物品界于人类和自然之间，是对二者的挑战。

最后我们揭示了这样一种双重性：一方面我们希望控制物质，另一方面我们又想寻找自然本身的美丽和和谐——欲望和现实之间长久以来的矛盾。设计可以被看作是二者之间的催化剂。

移动之声

使用低端手机在网络上建立移民工人社区

Mobile Voices

-

projecting the voices of immigrant workers by appropriating mobile phones for popular communication

当社会交流渠道如此地依赖高科技产品时，那些移民工人、低收入人群、有色人种等边缘化人群是否还有机会向社会发出自己的声音？

通过媒体科技可以提升公民生活吗？

自发产生的网络社区同时也可以成为有效的合作记录文档吗？通过它还可以做到什么？

科技是第一生产力，科技使人进步，科技改变生活……现代社会受惠于科技的发展，未来人们对科技的依赖会更加强烈。就整体而言，对科技的这些歌颂都对，但说到个体，就不一定了。

在社会经济学上有这样一组相对的概念："帕累托改进"与"卡尔多·希克斯效率"，说的是如何处理发展与公平之间的矛盾的两种做法。前者说的是在没有使任何人境况变坏的前提下，使得至少一个人变得更好；后者说的是从最终结果中获得的收益完全可以对部分人所受到的损失进行补偿。事实上，科技的发展并不见得能做到实时式的公平，甚至连补偿式的公平也未必能实现。如果科技的发展并没有一个以公平为准绳的社会系统去匹配，那我们所寄望的那个未来也就不会如我们想象的那样乐观。

比如说网络、智能手机，似乎人人都从中收益，即便不使用，也不至于从中受害，但事实并非如此。麻省理工媒体实验室在"移动之声"项目研究中就发现，当公共舆论和社区转移到了网络和智能手机上的时候，就会把很多移民工人及穷人阻隔在外面。因为他们会由于费用、语言或技术的问题，根本无法进入公共社区，也无法在公共舆论场中发出自己的声音。进一步导致的结果就是当社会资源进行分配的时候也不会考虑到这群人的需求与利益。弱势群体最终成为了科技发展的受害者！

如果把移动之声看成是一个项目，科技所造成的问题最终还是通过科技本身得到了解决。但如果把它看成一个预言，它所揭示的问题却远远没有答案。

研究机构：麻省理工学院公民媒体实验室	The MIT Civic Media
国家：美国	U.S.A

涉及领域： 协同创新 / 互联网设计

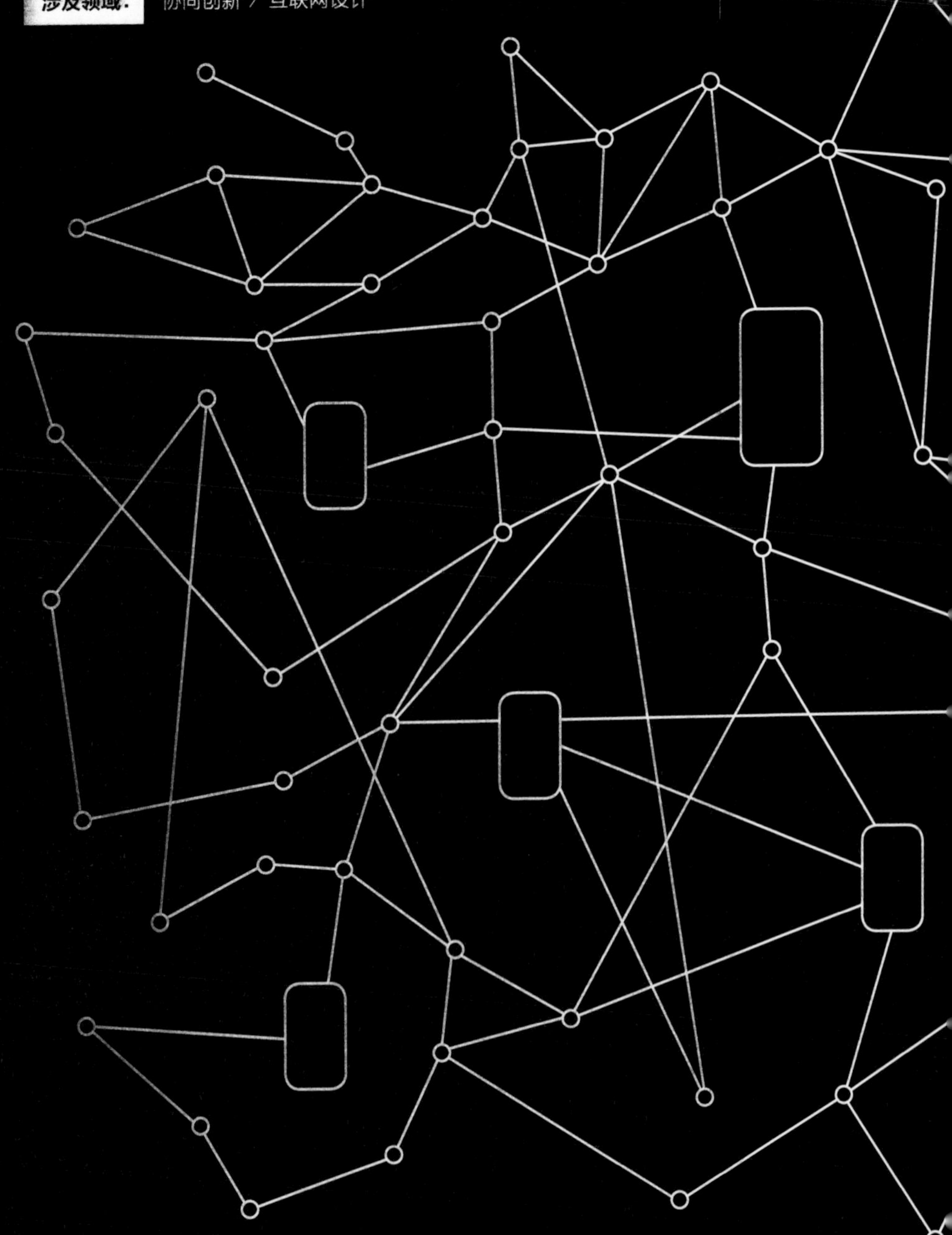

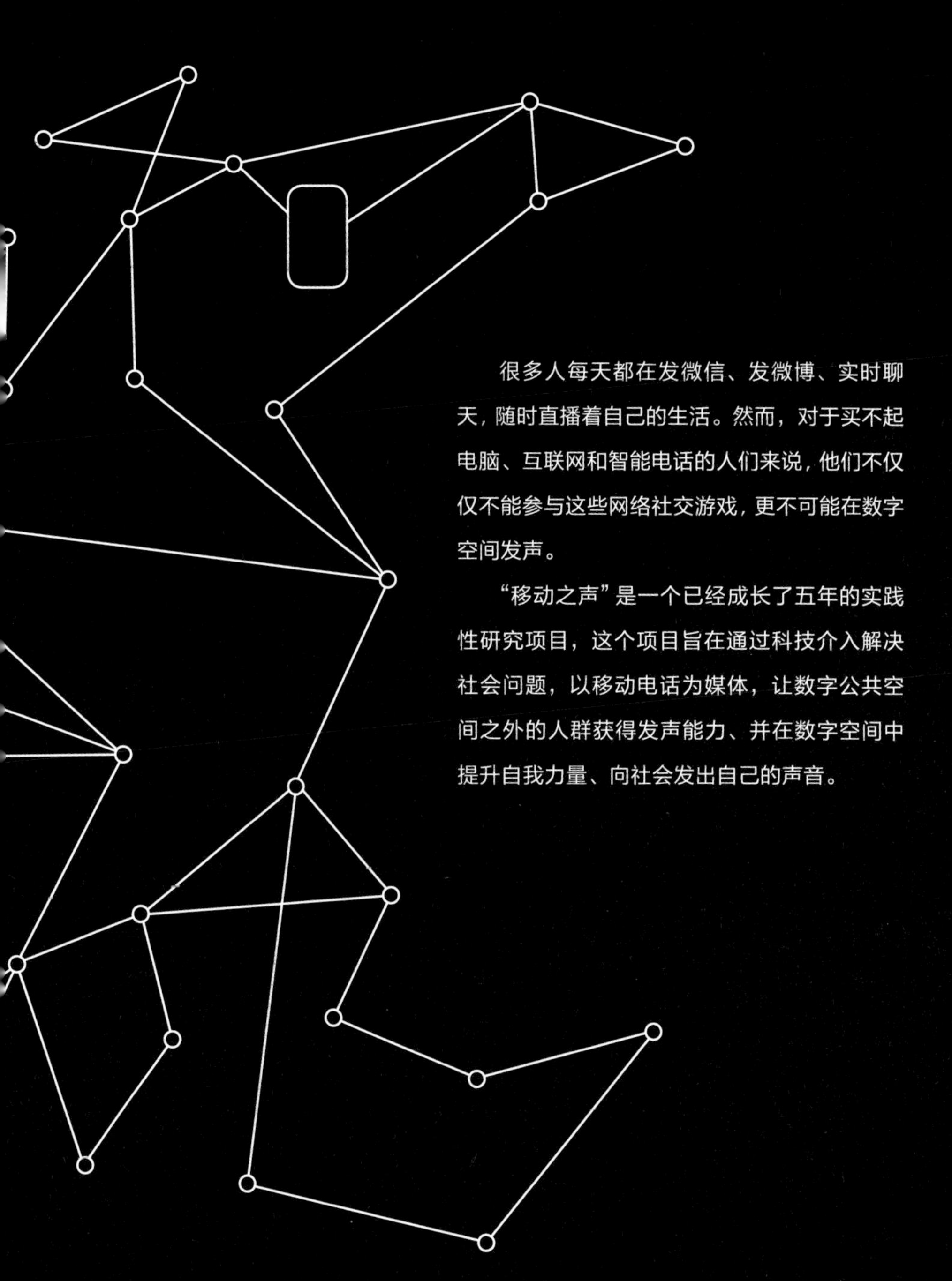

很多人每天都在发微信、发微博、实时聊天，随时直播着自己的生活。然而，对于买不起电脑、互联网和智能电话的人们来说，他们不仅仅不能参与这些网络社交游戏，更不可能在数字空间发声。

“移动之声”是一个已经成长了五年的实践性研究项目，这个项目旨在通过科技介入解决社会问题，以移动电话为媒体，让数字公共空间之外的人群获得发声能力、并在数字空间中提升自我力量、向社会发出自己的声音。

从南加州的移民网络社区到开放的联络与档案平台

"移动之声"项目最早在南加州大学开始启动，他们希望为没有互联网、计算机及智能手机的移民们提供一个进入数字空间的通道，让人们了解这群承担着大量社会底层工作的人们，让这群被数字世界忽略的人有机会、有权利进入公共视野。

通过社会学学者、计算机编程人员、社区群众及设计师合作，他们设计了一个可以将普通电话发出的模拟信号数字化的平台：VozMob。任何人都可以用一台最普通的电话给VozMob打电话、发短信、发彩信，去讲述或者聆听身边的故事。这个系统推出之后，很多当地的移民发来了非常生动感人的一线信息，人们彼此安慰、彼此交流，逐渐形成了自己的社区；另一方面这些信息也成为了当地媒体重要的资源。

项目主持人萨舍很快意识到VozMob不仅仅可以解决南加州移民问题，这个平台将可能对应所有数字公共空间之外的问题。他带着VozMob来到麻省理工公民媒体中心之后，把VozMob升级为了一个满足不同群体功能需求的系统平台：Vojo。在这个新的Vojo平台上，任何人可以通过电话、短信和彩信发布信息，创建或参加不同主题的小组。小组中的信息由Vojo系统自动标注地理位置、发布时间、关键词等参数，最终为各个小组构建出属于他们的故事地图。

LOGIN
VOZMOB
Voces Móviles
Mobile Voices
English
Español
Search
Home About Tools Get Involved Take Action Donate
Subscribe to Email List

Featured Stories
When Immigrant Rights Are Under Attack in Tucson, AZ

by: mxidorianINdaUS
11 Oct 2013 - 5:10pm
Featured reporters
Madelou
- Madelou's blog
Ranferi Ahiezer
- Ranferi Ahiezer's blog
mxidorianINdaUS
- mxidorianINdaUS's blog
Recently Featured Stories

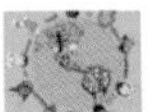

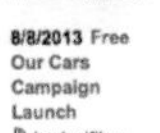
11/15/2013 IDEPSCA GALA 2013 by: Gallesh
10/11/2013 When Immigrant Rights Are Under Attack in Tucson, AZ by: mxidorianINdaUS
10/7/2013 Trickle Down Economics at the Food Truck Parking Lot by: mxidorianINdaUS
8/8/2013 Free Our Cars Campaign Launch by: joelfilms
7/29/2013 Food Forward LA and the Downtown Community Job Center by: mxidorianINdaUS
IDEPSCA - stories
LACAN - stories
Aprendamos - stories
See More Groups
The DREAM is coming July 2010 DREAM Act caravan
AMC June 2010 Allied Media Conference
SB1070 May 2010Actions against SB1070 - We Are All Arizona!
See More Events
New Stories
by: Ranferi Ahiezer
1/4/2014 - 6:29pm
CENTRO TRABAJO "HARBOR CITY, CUMPLIO XXV AÑOS

by: Madelou
1/2/2014 - 12:30pm
Bienvenido 2014 lleno de emocion y Esperanza
Story by Media Type

by: Ranferi Ahiezer
1/1/2014 - 2:00pm
EL CENTRO DE TRABAJO "HARBOR CITY"

关于桑迪风暴的故事

桑迪风暴是2012年大西洋风暴季节中最致命和最具摧毁性的风暴，同时也是美国历史上代价第二位的风暴。当它离开美国东北海岸，风暴直径达到1 800千米，成为历史上最大的大西洋飓风。2013年6月的灾害损失超过68亿美元，超过了卡列琳娜飓风的损失。桑迪风暴冲击东海岸三周之后，仍然有很多人没有电、没有水、没有热的食品，甚至没有家。

当桑迪风暴袭击纽约时，雷切尔与迈克尔希望自己可以提供援助。为了快速反映各个社区的状况，迈克尔设置了帮助中心来填补城市和联邦服务的空白；雷切尔则带着她的录像机前往了纽约布鲁克林红钩社区，在食品供给中心记录灾民的风暴体验。当雷切尔的灾区故事在网上发表之后，人们意识到Vojo也是一个分享故事的好平台。

http://upload.wikimedia.org/wikipedia/commons/3/34/Dust-storm-Te

http://i.huffpost.com/gadgets/slideshows/192506/slide_192506_3

CROSS BAY
BRIDGE

http://resources3.news.com.au/images/2009/09/23/1225778/487015-sydney-039-s-red-dus

http://darkroom.baltimoresun.com/wp-content/uploads/2013/02/AFP_Getty-51702666

http://media.emirates247.com/images/2013/08/STORM/4.JPG

http://www.dallasnews.com/incoming/20121219-texas_dust_storm_

http://newswatch.nationalgeographic.com/files/2013/07/Among-the-Sand-Storm.jpg

http://www.blogcdn.com/weather.aol.com/media/2013/07/arizona-haboob-olbinski.jpeg

桑迪风暴故事是一个合作记录文档，让人们可以在这里分享风暴中的体验，以及风暴后的后续救援情况。当地的摄影师、设计师、编程人员、社会工作者、媒体人以及住民等仅仅通过手中的手机就能够实时向公众传递灾区实况。这些第一手的信息，汇集于Vojo平台上的“桑迪风暴故事线”小组。

任何人拨打电话，都可以聆听到那些第一人称的故事；任何人打开他们的网站，都可以看到“桑迪风暴”的一手图像。“桑迪风暴故事线”小组的发起人说：“在重大的历史时刻，Vojo不仅放大了社区居民的声音，更为未来灾后重建保留了重要的档案。”桑迪故事线重点强调了受灾人们的声音和面貌，为国内舆论带来人性冲击，此外也引起更多的相关话题，如：经济的不平等、气候变迁、基础设施开发以及美国海岸城市的未来。

除了“桑迪风暴故事线”小组之外，Vojo平台至今已经收集了超过250个社区故事，组织了超过100人的媒体记录。麻省理工公民媒体研究中心副教授萨舍总结“移动之身”项目是一种新的记录性叙事体：“它可能孵化出更丰富的公民对话，让社区群体可以籍由这种新的手段去决定自己的未来。”

一个协同设计的经典案例

“移动之声”的开发团队，本身汇集了计算机工程师、人文学者、设计师及社区工作者等各个领域的专家，他们以“协同设计”为方法尝试为那些被传统大众媒体所忽略的人群设计开发工具。

“协同设计”并不是一般人们所理解的专业人员协作，而是将设计师、消费者、使用者以及制造者，将所有与项目开发相关的人士都定义为设计的协同者，例证了弗雷勒的名言：“没有任何人什么都懂，也没有任何人什么都不懂。我们每个人懂一些什么，我们都有一些不懂的。”“移动之声”这个低科技与高科技相结合的公民媒体平台，体现了对媒体变革的动态本质的理解，它利用媒体科技提升公民生活；在当代问题研究中具有批判性和前瞻性，是当代媒体的重要学术实践。

“移动之声”是一个扩音空间，针对那些在大众传媒中被排除、被隐形、被沉默、被边缘化的人们：移民工人、低收入人群、有色人种、年轻人、LBGTIQ 社区及边缘化人群。

在“移动之声”，我们读写现实故事，并努力让人们看见真实的故事——那些被传统大众媒体所排斥、边缘化和无视的故事。“移动之声”为大众传媒放大了曾经被人们忽视的声音。

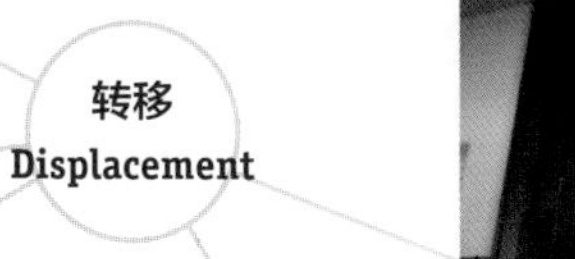
转移
Displacement

JESUS

重建
Rebuilding

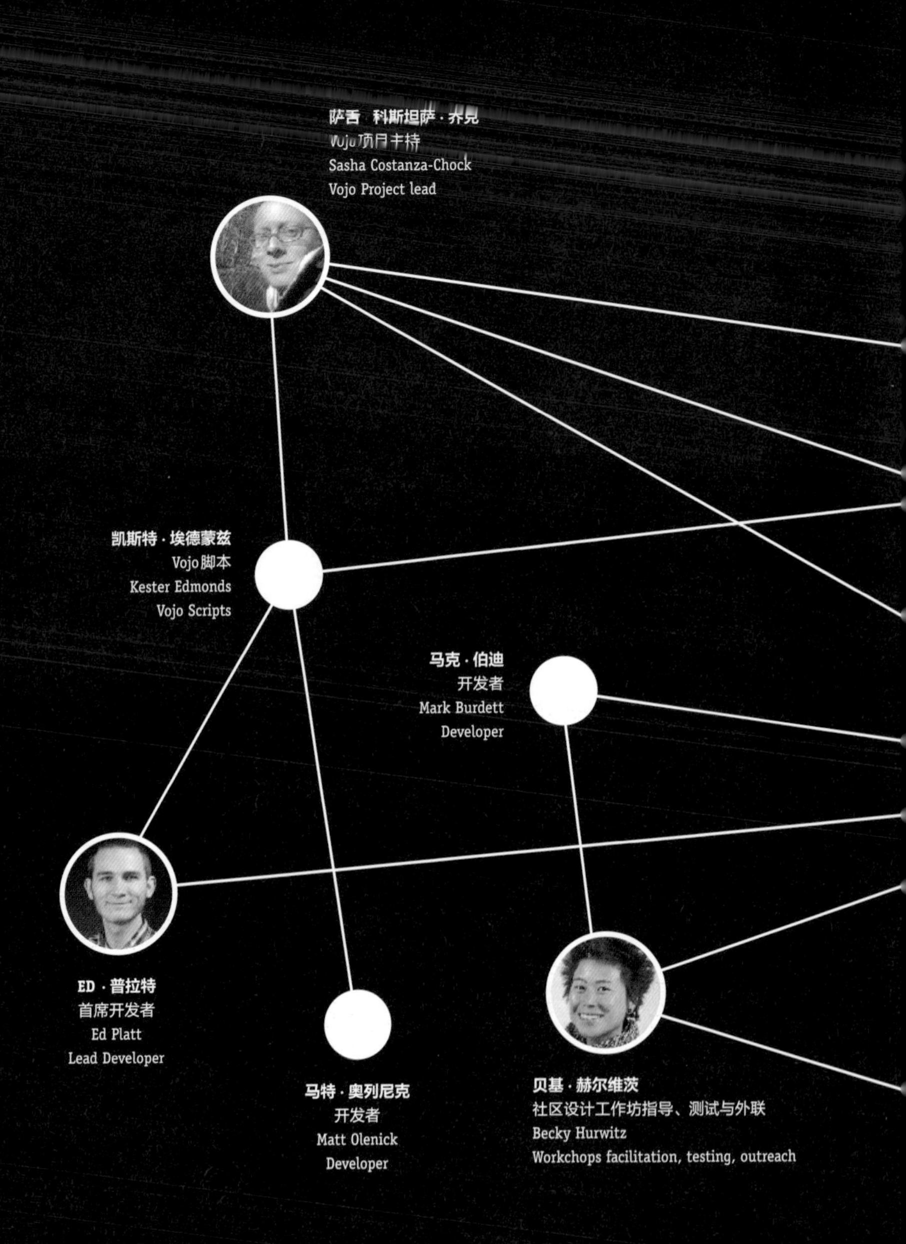

Vojo团队构成

相关链接：
Vojo平台上的桑迪风暴小组网站：
http://civic.mit.edu/blog/beckyh/storyline

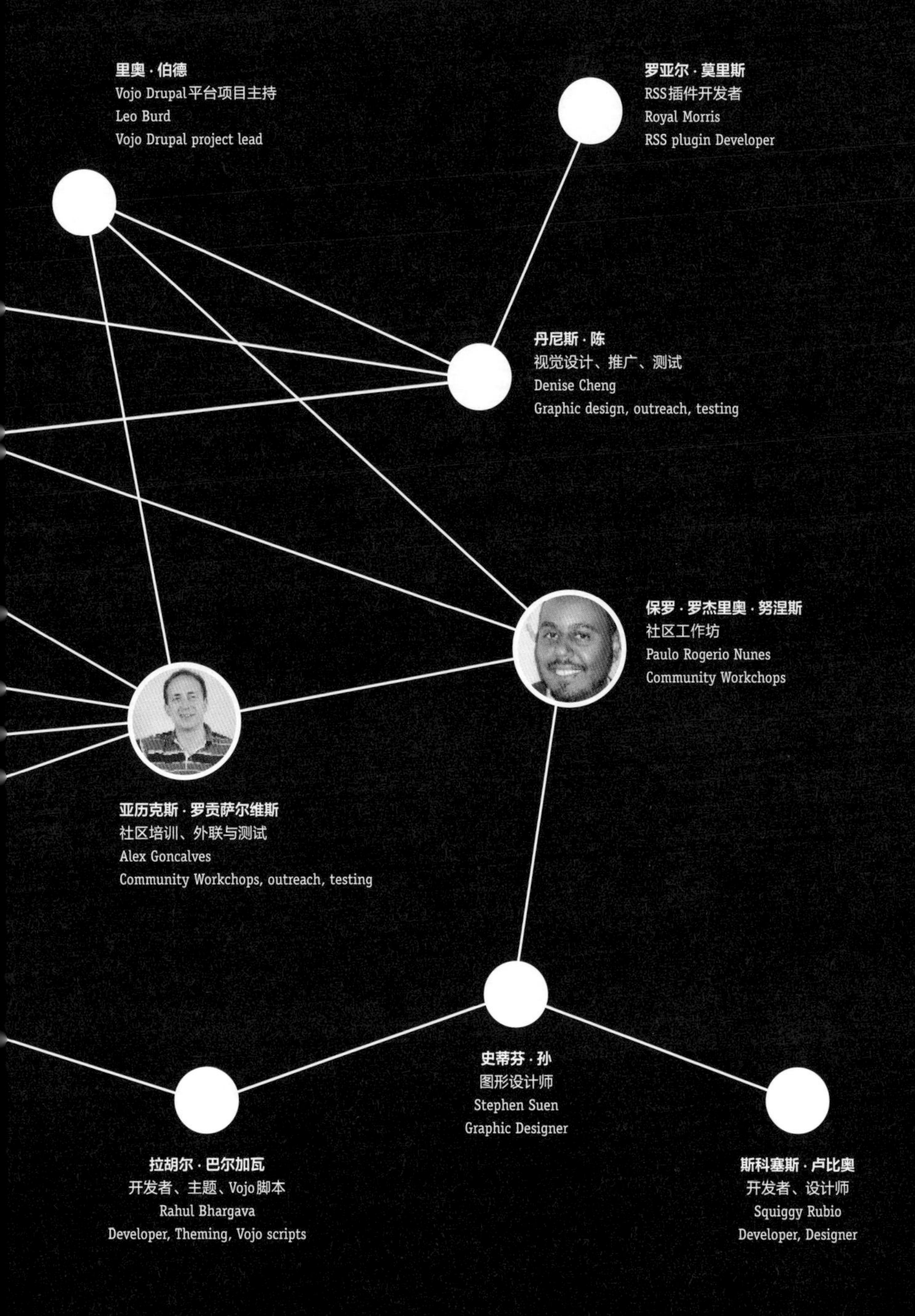

里奥·伯德
Vojo Drupal平台项目主持
Leo Burd
Vojo Drupal project lead
罗亚尔·莫里斯
RSS插件开发者
Royal Morris
RSS plugin Developer
丹尼斯·陈
视觉设计、推广、测试
Denise Cheng
Graphic design, outreach, testing
保罗·罗杰里奥·努涅斯
社区工作坊
Paulo Rogerio Nunes
Community Workchops
亚历克斯·罗贡萨尔维斯
社区培训、外联与测试
Alex Goncalves
Community Workchops, outreach, testing
史蒂芬·孙
图形设计师
Stephen Suen
Graphic Designer
拉胡尔·巴尔加瓦
开发者、主题、Vojo脚本
Rahul Bhargava
Developer, Theming, Vojo scripts
斯科塞斯·卢比奥
开发者、设计师
Squiggy Rubio
Developer, Designer

流体文献

动态数据的管弦乐

Fluid Archives - data come to me

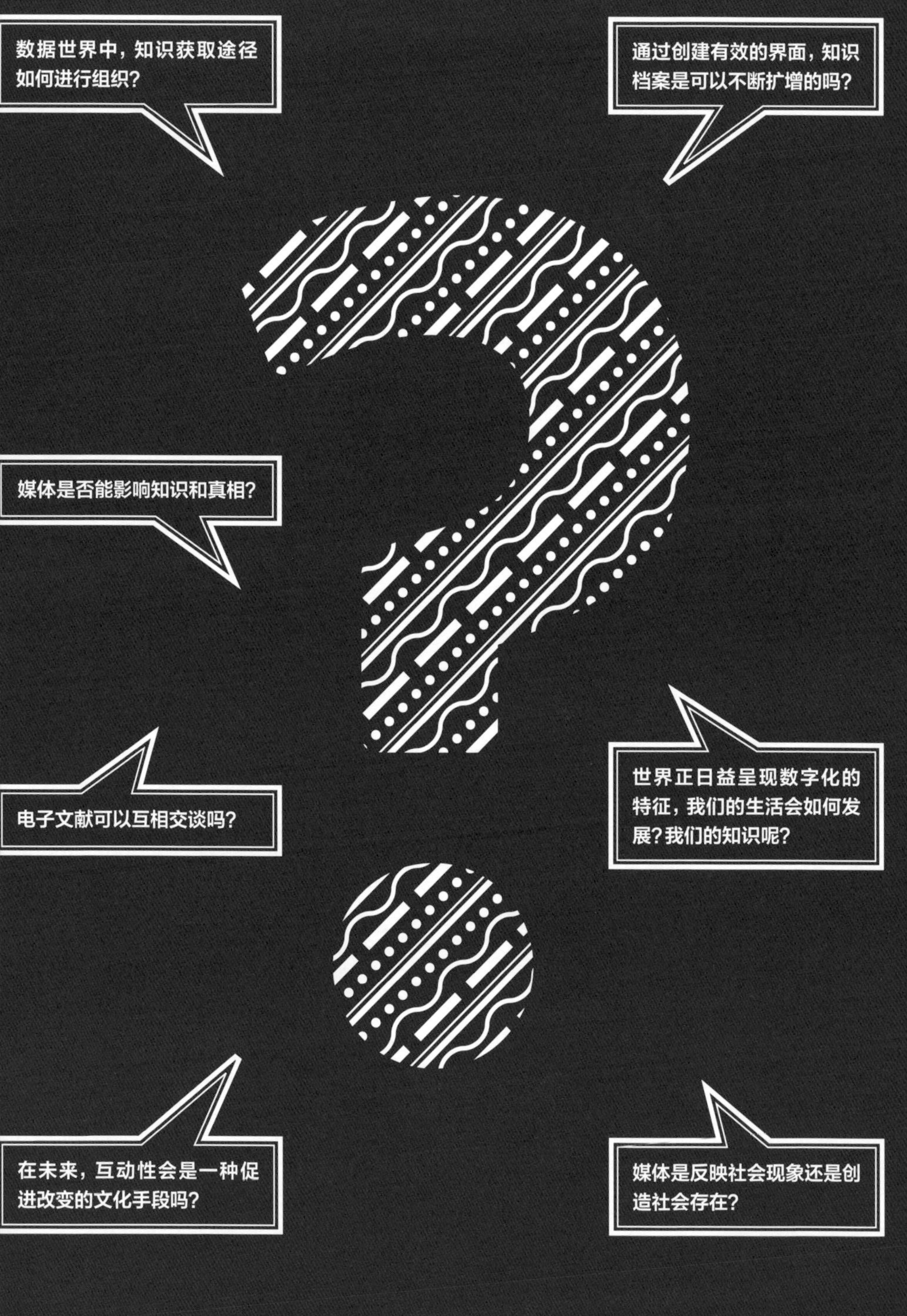
数据世界中，知识获取途径如何进行组织？
通过创建有效的界面，知识档案是可以不断扩增的吗？
媒体是否能影响知识和真相？
电子文献可以互相交谈吗？
世界正日益呈现数字化的特征，我们的生活会如何发展？我们的知识呢？
在未来，互动性会是一种促进改变的文化手段吗？
媒体是反映社会现象还是创造社会存在？

sorry
no
image

Video documentation of the lecture (English)
elo

sorry
no
image
Ancie
Andes
Beispiel
Dirk
mat
Dater

osphere - A Mu ltisens
database for
chte
Stefano Mazzocc Steffen Kirch
Braun
Michel
Mina
Paes
Hugo Do

Thomas Eichhorn
Marionette

在购物这件事儿上，男人与女人基本上是不同的两个物种。男人大多是“搜索”，直奔自己需要的物品，目标清晰，结果明确。女人大多是“浏览”，即便事先有目标A，最后可能喜滋滋地带回的是B或C或D，甚至再加上E、F、G。

有趣的是，在数据世界中，我们通常也会采用“搜索”和“浏览”这两种做法。与现实世界不同，数据世界本身只是无垠的，并无知识，也无景观，它的知识与景观是在与人的互动中形成的。更具体点来说，如果我们愿意用“数据世界”这个词，认为它跟现实世界有着某种内在的相似性，是我们可以“进入”并“感知”的，那这个世界也是由人的观察工具和内容需求来塑造的。

随着数据的几何级增长，虚拟世界与现实世界的一体化，数据世界在未来绝非那个可有可无的“彼岸”，而越来越像是我们赖以生存的“此岸”。我们不但可以观察，我们还可以体验，可以旅行。“彼岸”在哪儿呢？要知道，即便在未来也不是每个人都是IT专家，能够轻易地进入数据世界。数据世界只有具备现实世界的特征才更直观，并可以被我们的肢体与感官所感知、所控制。

德国的MARS媒体探索试验室与ZKM艺术与媒体中心在重点研究如何通过互动观察工具来更好、更自然地“了解”数据世界，帮助人们从“此岸”驶向“彼岸”。这个项目被称为“流体文献——动态资料的管弦乐”。它由自组织的“语义图”、利用虚拟放大镜表现的“图像矩阵”，以及代表着叙述性数据流的“媒体流”三部分共同构成。

研究机构：MARS媒体探索实验室	MARS Exploratory Media Lab
Fraunhofer社会研究	Fraunhofer Research Society
ZKM艺术与媒体中心	ZKM | Center for Art and Media
国家：德国	Germany
涉及领域：新媒体	

在1990年的奥地利林兹电子艺术节上，人工智能研究者马文·闵斯基（Marvin Minsky）曾谈到能够相互对话的书。在未来，一本书可能会对另一本书说："你能想象得到吗？他们的图书馆里曾装满了不会互相交谈的书。"

在闵斯基的启发下，人们开始关注文献，思考如何实现数字文献的相互链接。这种思路成为主流的研究方向之一。我们创建的数据空间能够让存储于其中的数据文件相互"交谈"，因为它们"彼此了解"。知识这一概念在这里涉及的并不是人，而是发挥数据存储和处理功能的计算机。语义联网数据将为文件读取设备提供全新的解决方案。因此，视角的变化衍生出新的思维方式，而这种思维方式又对人类的知识产生了影响。

莫妮卡·弗莱施曼（Monika Fleischmann）和沃尔夫冈·施特劳斯（Wolfgang Strauss）是享誉国际的媒体设计师，被认为是虚拟现实接口与互动媒体设计的先锋。他们的艺术研究专注于两大领域：互动环境中感官传递的身体知觉以及如何通过数字媒体展现知识。1988年，莫妮卡·弗莱施曼和沃尔夫冈·施特劳斯联手在柏林创办了新媒体公司ART+COM。

莫妮卡·弗莱施曼和沃尔夫冈·施特劳斯利用netzspannung.org网站提供的媒体、艺术平台开发出了所谓的"知识发现工具"，例如媒体流和语义图。这些工具通过知识地图和视听数据流有力地强化了数字文献方面的知识。他们把分析成果总结为"流体文献"。

这个互动装置成了一个供公众演练的舞台，数据的呈现变成了戏剧作品，而访问者则成为数据执行者。数据转化为思考的空间，人们可以穿行其中。

两大设计理念奠定了这个软件的开发基础：

（1）访问者可以在真正意义上对他人的思想感同身受。

（2）访问者将置身于装满数据的空间之中，而遍布其中的链接网络能够对任何类型的活动作出响应。

访问者能够在空间中以表演的形式读取并体验数字数据库中相互关联的数据。访问者会选择那些他们感兴趣的数据。“死”的文献知识被赋予了生命——谱成了一曲“动态资料的管弦乐”。

莫妮卡·弗莱施曼和沃尔夫冈·施特劳斯通过三个动态的“变奏曲”来展现数字文献：自组织的“语义图”、利用虚拟放大镜表现的“图像矩阵”，以及代表着叙述性数据流的“媒体流”。这些文献接口是探索性的视觉象征，可用于进入思维的虚拟数据空间。利用“语义图”“图像矩阵”和“媒体流”，我们把针对数据可视化设计的绚烂图像开发为可以同时搜索与发现数据的说明性工具。

为此，莫妮卡·弗莱施曼和沃尔夫冈·施特劳斯通过考察数据库美学的方方面面，初步介绍了实现数据文献可视化的潜在解决方案，这些方案可以摆脱纯粹的数据表达。“语义图”显示的数据并不同于通常阶层式结构的术语，而是类似于网络——由在语义上相互关联的信息碎片组成的交互式界面。在“图像矩阵”中移动放大镜可以放大某个图标的视觉信息内容，并随之出现文本、图案和视频。利用动态的放大镜，可以同时呈现大量文献记录，把文献内容表现为流淌的河水，以此来比喻思维的流动。观众既可以像看电影那样跟踪数据流，也可以化身为影像角色直接参与其中。莫妮卡·弗莱施曼和沃尔夫冈·施特劳斯还为这个角色配上了合成语音，从而为文献浏览带来新层次的感官体验。

“流体文献”提出了以下问题：在数字化程度越来越高的世界中，我们过着怎样的生活？数字化时代给我们带来了什么启示？在我们的艺术研究中，我们为参与者设计体验，打造混合现实情景，并产生了反思时采用的叙事空白；为自我思考提供了空间，并进而形成了一种真实的虚拟存在感。

1　媒介流体——流动的思想：成为数据流的文献

为了符合思想“流”的比喻，莫妮卡·弗莱施曼和沃尔夫冈·施特劳斯将文献的内容表现为流水——静态的文献转化为动态的信息流。“媒介流体”界面表现了流动的思想，观众可随时暂停并加以揣摩。

三个并列的图像和文字数据流从左向右贯穿屏幕。参观者一旦选中某一图像或词汇——这其中分为：标题、作者信息和关键字——屏幕上就会弹出与这些词汇相关联的文件。如果参观者继续浏览并选中其中某一个图案或标题，与其相连的数据库记录就会被调出。

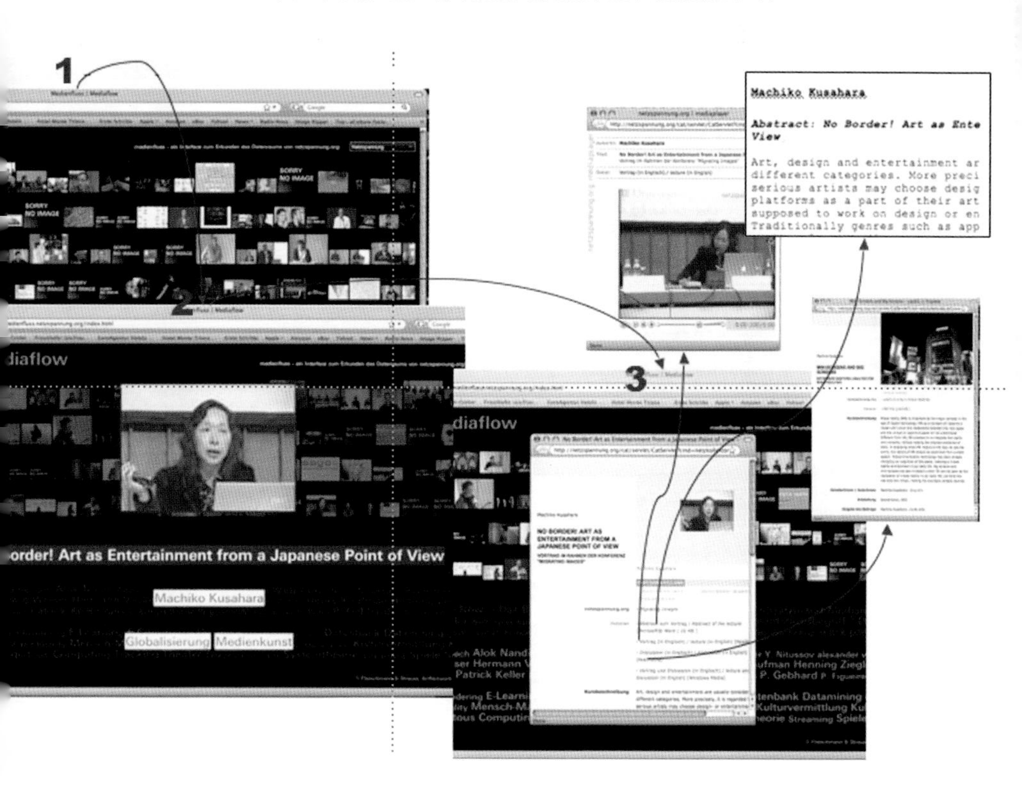

“媒介流体”以一种生成性图像机制为基础，把被动的数字文献转变为交互式的图形和文本信息流。作为一种网络艺术，这一探索数据空间的视听界面在网上推出的同时也在博物馆中打造了一个落地式的装置，供文献研究之用。

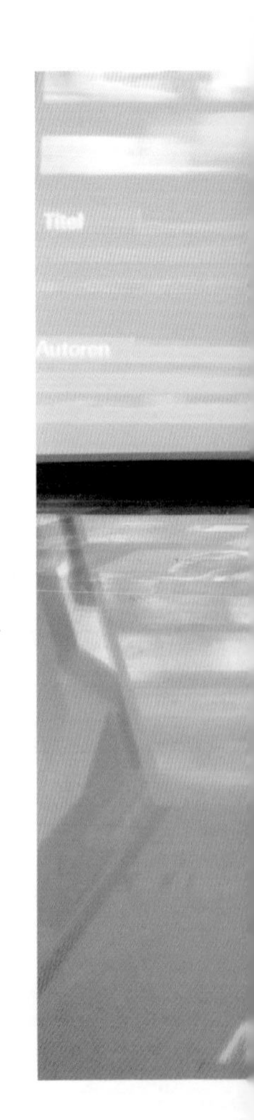

展示阅读与感知过程

“媒介流体”界面还能产生“思想流”。只要轻点一下，选中的词语便会出现在前面，四周围绕着与该主题相关的其他词语。通过不断选中单独的数据对象，阅读过程和参观者的注意力会在屏幕中央与边缘区域之间来回切换。暂停数据流还可以暂时停止感知进程，从而提高参观者的关注程度。这里，传统的通过关键字、作者或作品搜索的形式与视觉导向的方式合二为一。这种同时观看概述、背景和细节的方式可以实现联想式的文献浏览。作为一个落地式的展出装置，“媒介流体”通过同步营造听觉氛围可以产生一种使观众着迷的效果。系统可以通过人工合成的语音高声朗读源源不断流淌而过的文本文献。

数据的交际性应用

静态文献可以暂时性地转化为叙述性媒介。媒体流的集中、放大、运动或暂停会提高观看者的注意力。观看者并没有去寻找数据对象，而是数据通过形成暂时的标志主动吸引观看者的注意。主动参与者通过选中相

ristina Andersen
André
y Arcangel
ène Arévalo
Roy Ascott
Jan Assm
a. asso
Olivi

Prof. Dr. Franziska Ehmcke Prof. Dr. Hans Dieter Huber Prof. Dr. Jürgen Krause Prof. Dr. Matthias Lehnhardt Prof. Dr. Michael Her
Leiterin der Europäischen Kunstakademie Trier Prof. Dr. Peter Gemmar Leon Cmielewski Leslie STUCK
Weiss Friedhelm Mennekes SJ Friedrich Kittler Friedrich Neumann friend@know-our-enemy.net friend@know-our-enemy.net
Netzkunst nonlineare Narration Open Source Performance Kunst Knowledge Management
öffentlicher Raum Musik Narrative Intelligenz Informationsdesign Inhabeted TV Interaktivität Interface Internet Klang Datamining Daten
Information Informationsarchitektur Community Copyright CSCW Cultural Studies
Audio Augmented Reality Autor Avatare Awareness Biofeedback Biotechnologie Cognitive Science

关单词会把自己的兴趣方向显示给其他观看者，而他们则可以对其作出反馈。信息中心制作的图案和词汇可以链接到文献中的相关数据库记录。

暂停数据流还可以暂时停止感知的进程，从而提高观看者的注意力。计算机生成的声音会捕捉重复流过屏幕的词汇，就像是合唱团的成员在同时歌唱。流动的图像和词汇，它们在空间中的分布，以及听觉氛围共同营造出一个由信息片段组成的管弦乐般的空间，从而使非特定目标的知识引起关注并引发访问者个人的联想。观看者可以像观看电影或欣赏音乐表演那样跟随数据的流动。合成的声音可以强化这一特色，把文献带来的感官体验提升到一个新的高度。

这种导航形式有助于同时呈现概要和细节。计算机生成的声音捕捉流淌而过的词汇，然后像合唱队那样以低沉的声音向参观者倾诉。流动的图案和词汇，再加上三维布景和听觉氛围营造出一个由信息片段组成的管弦乐般的空间。通过“表达交流”的形式，使体验律动、图案和声响的相互联系成为可能。我们通常不可能一次性浏览文献中全部的2 500个数据库记录，而通过“媒介流体”，这些信息在短短几分钟内便在观众眼前流淌而过。

观众的表达交流

流水的视觉素材在心理学层面上体现了“流动（flow）”这个词的含义（米哈里奇·克森特米哈伊 Mihaly Csikszentmihalyi），即如果人类可以专心致志于一项积极的活动中，那么他们便会产生一系列相关的想法。

在图像、声音、动作相互作用的情形下，观众可以在表现交流过程中体验到自身与信息进行的沟通。这也说明，互动会引发认知和阅读的触感过程。媒体流界面的视觉布局令人想起阿比·瓦尔堡（Aby Warburg）图片集《摩涅莫辛涅（记忆女神）图集》（该设想主要将照片以及艺术作品相关的文献和文字进行拼贴，最后进行排版）。

为了迎合主动参与者的喜好，媒体流界面的人工媒介需从数据库中检索出单个的关键字，并由此查找到新的文字组合和上下文。继而，我们可以对人与物体之间的关系进行讨论。利用媒体流安装技术，电子档案可以真实记录个人思想发生的每一次变化。

在阅读这一互动过程中，用户可以选择单个的术语，就如挑出编织物中的线头一样。不同于电影的线性时间表现法，媒体流界面可以创造出思想感觉运动的非线性时间发展过程，当然其中也涵盖了由沉思引起的思维停顿。互动性可以带动用户自身联想引导的新知识的出现。

思考空间的观察结果

通过在不同博物馆中举办展示会并观察积极参与互动的人群，我们一直在探讨一个基本问题，即数位图书馆应如何实现可视性和有效性，才能为参观者提供各种程度的娱乐和思考空间。

这些展示会根据实际场地进行专门设计，并纳入设计过程的一部分。在设计过程中，我们通常会与合伙人合作，并时常举办学术会议或座谈会进行交流。该项研究主要涉及用户行为和专家评论，我们会从中对行为进行理论反思，进而找出实现数位图书馆的可视性和物理可访问性的实践理论。

我们把被动式的档案转换成动态的信息流，进而转换成叙事的媒体。媒体流是通过不同的移动，并且让大家注意到它的变化。基本上来说，正常情况下是不可能一眼就可以看到档案中1 200个数据库的，但是这个媒体流可以让我们做到。

sorry no image
Titel
Autoren kloepfer Thorsten Klöpfer Till Beckmann Till Cremer
Joachim Goßmann Joachim Hagenauer Joachim Köhler
Ben Wibberley Benjamin H. D. Buchloh Benjamin Stephan Bernd Kiefer
Keywords Tanz Telepräsenz Theater Tracking Ubiquitous Computing
Leben Körper Medienkunst Medientheorie Mensch-Maschine-Interakti
Echtzeit-Rendering Fiktion Genetische Algorithmen Geschichte

移动访问——意识网络

● 知识探索工具（Knowledge discovery tools）可以让人们学会自学。数字化档案并非用以提高教师对教学的认识和学习，而是帮助学习者培养调查学习的能力。知识探索工具并非通过知识权威来传播知识，而是帮助其积极开展研究和调查工作。作为一种发现引擎，数字化档案的重要意义在于其有可能发现未知事物，认识新事物，并且还原思维的早期运动。同时，知识探索工具也会通过揭示隐性知识来进行知识建设。

这也带来了新的问题：

1. 如何创造新的移动界面以获得不断扩增的知识档案？
2. 鉴于用户的多样性，如何使获取途径在不同的角度下也能实现知识档案的可视性？
3. 这些变化是否会带来新的见解？

数字火花矩阵——利用虚拟放大镜实现文献浏览

2

在艺术项目“数字火花”的文献设计的帮助下，项目展示了如何打造艺术收藏品的数字文献。“数字火花”矩阵的每个图形、图标都代表着一个单独的艺术项目。利用虚拟放大镜，用户可以通过放大作者、标题以及作品图像等信息方便而直接地观看文献中的作品，并以交互的方式查看概览和细节，而无需往返于不同的网站。为了使用户能够轻松地探索浏览现有的数字文献或互联网上的资源，我们为链接到每条数据的界面提供了图形图标，并根据各自的主题安排了内容丰富的矩阵体系。

用户通过移动图像矩阵中的放大镜可以放大图标的视觉内容，进而显现文本、图像和视频。利用动态的放大镜，用户可以同时观看一大批文献记录。矩阵还为访问文献提供了图形界面，从而使扫描浏览成为可能。在空间和内容的安排上，矩阵采用了气泡图的布局算法，并利用颜色编码标注了不同的文件标题。

数据与观众的互动

利用获得专利的PointScreen技术，作为装置作品陈列在博物馆中的矩阵无需实际接触便可对参观者的手势作出反馈。PointScreen 3技术采用了“电场传感”技术，通过捕捉人体的电场来控制交互式的应用。每个参观者的动作都是独一无二的。与此同时，PointScreen界面还可以对触觉–视觉导航间的流畅过渡作出预判，就像今天我们点击或轻划智能手机显示屏一样。与此相对，PointScreen技术提供的“非物质（虚拟）触摸”效应则给用户带来独有的体验。通过手势控制的矩阵比通过鼠标或

insgesamt
> Impressum
digital sparks matrix
nominierte Projekte
Preisträger
Mediengestaltung
Medienkunst
Medieninformatik
Diskurs/ Vermittlung
mediale Architektur
digital sparks 2001
digital sparks 2002
digital sparks 2003
digital sparks 2006
Autoren
Titel
Hochschulen
Schlagworte
Jansen, Helge
Jaxt, Fabian
Johne, John
Joost, Gesche
Jung, Björn
Juster, Stefan
Kallenberger, Magdalena
Kamann, Julia
Karsch, Stephan
Keck, Christian
Kempe, Anja
Kempe, Sascha
Kison, Markus
Kläser, Alexander
Klein, Christiane
Klein, Jonathan
Klemm, Sebastian
Klemme, Friedrich
Kloes, Malte
Klöhn, Daniel
Klotsikas, Eystathios
Filter zurücksetzen
Beenden
Movie: -0:36
LOSER RAUM
Anja Kempe
Interaktive Rauminstallation | Preisträger digital sparks 03 |
Kunsthochschule für Medien Köln | Prof. Valie Export
> ONLINE DATENBANK
> ANSICHT SCHLIESSEN

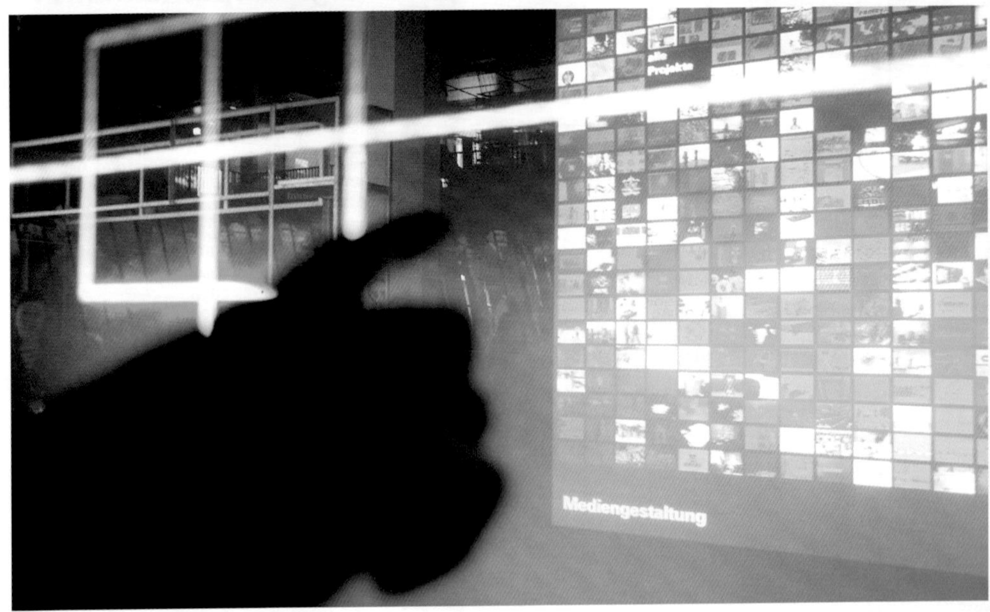
alle
Projekte
Mediengestaltung

屏幕控制的应用系统更能充分体现机会发现中的“意外之得”原则。这个词用来描述在观察某个原本并不在观察计划之内的事物时，获得新的令人惊喜的发现的情况。

在卡尔斯鲁厄ZKM艺术与媒体中心举办的“YOUser—消费者世纪”展中，我们观察并研究了用户如何轻松搜索并发现文件，以及这种搜索和发现是如何产生令人振奋的效应的。从视觉效果以及其营造的氛围来看，“数字火花矩阵”装置与博物馆早期策划展出的珍奇柜（把来源和用途各异的物品摆放在一起）相类似。

数据管弦乐

● 世界正日益呈现数字化的特征，我们的生活会如何发展？数字化本身和背后有何含义？在艺术研究中，我们为参与者进行了体验设计，并建立了混合现实环境，创造了叙事空间（空白点（Leerstellen））进行反思，这种方式不仅提供了思考空间，而且可以让人们同时体验真实和虚拟的场景。一方面，数据和信息表现的概念指的是数据的场景呈现技术。另一方面，从技术数据引起的心理意象来说，数据使用者的个人记忆会受到刺激。数据执行者机制指非物质数据的可视化和具体化，指观众进行的表演，这是人们进行知识探寻的驱动力。知识是什么？如何对知识获取途径进行组织？这也产生了新的问题：数据通过何种方式得以呈现？在单一的数据场景中，如何在空间中将人类进行替换？

Preisträger
nicht
nominiert

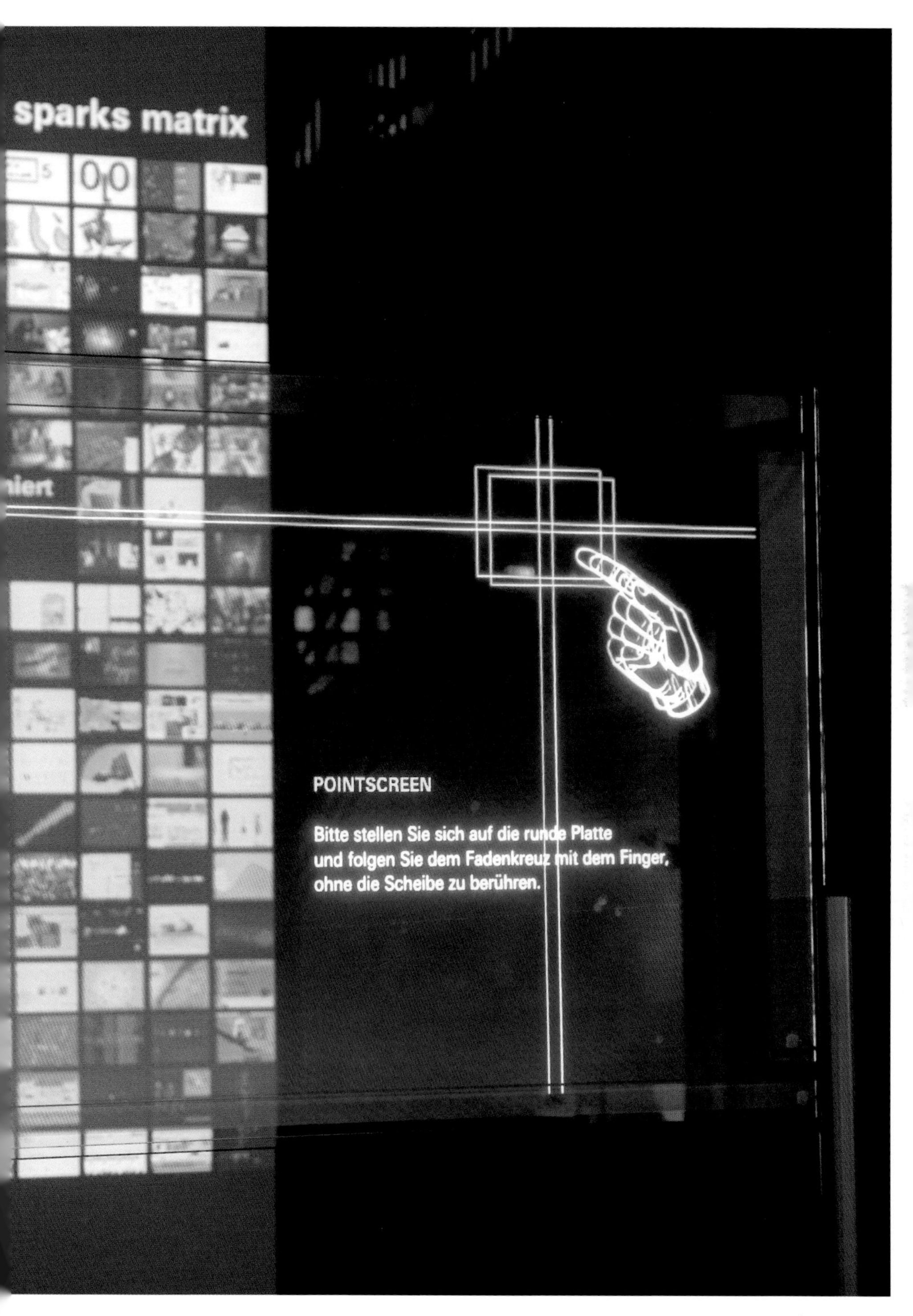
sparks matrix
POINTSCREEN
Bitte stellen Sie sich auf die runde Platte
und folgen Sie dem Fadenkreuz mit dem Finger,
ohne die Scheibe zu berühren.

bilder kunst interaktive space interface installation design
www interfaces archives interaktionen
orten kommunikation museum stadt
realitaet networked code soziale
projektionen medienkunst perceptic
visualisierung social maps kunstwerk kuenste navigation theory
audience city simulationen database netzwerk
identitaet softwarekunst
immersive aesthetik mapping
oberflaeche identity
koerpers oeffentlichkeit virtualitaet
sensoren communities
exhibition bits
anwender tracking handlung
ordnung erinnerung
interaktivitaet artworks
critical wissensraun
technique medienkultur designkategorien
konstruierten computern
stadtraum wissens reflection
manipulationen intelligence generieren
globalisierung gestural
shared entwurf
ueberlagert strukturiert networks
evolution definitionen
abstraction
rezipienten pixel panorama
kontexten
hypertext einheit
cultures architekten
players kunstunterricht historic
verschmelzen verlust
stereoskopische
reflexion
komplex influence hardware
gespeichert
distanzen bildmedien be
krise
cognition cartographic
verfremdung uebersetzungen sensors
computation
anschaulich aesthetics
wissensentdeckung
wahre
urbane umwelt theorien
start
parameter
nonlinearer minimale
konsequenz kommunikativen
ikonischen graphik generieru
formats erstellung
effect debatte
botschaft bezeichnet
autonom automatically
auffassung atmosphaere zweidimensionales
telecommunication roboter
variationen
screens
produces paradox multiplayer
zufa
wissenschaftler wahrnehmen

3 语义知识地图——知识发生器

“语义知识地图”并未采用通常使用的分级术语列表来显示文献内容，而是通过一个网络状的互动界面来显示具有语义相关性的信息片段。“语义知识地图”利用人工神经网络算法建立图形机制，以主动组织地图的形式生成交互式文献复制品。

利用“语义知识地图”，可以使以数据库为基础的文献从静态的知识存储设备转化为“知识发生器”。

语义知识地图可以依据从全部文本资料中提取的最重要的词汇对数据库的架构进行语义定义，然后在同一个平面中分成不同小组。每个数据库记录都由一个黑方框代表，其所处位置与相似语义的数据库记录相一致。放大地图便可看到更多信息。参照文本分析的标准，语义缩放功能可以显示与某一特定主题在语义上采用了相似描述方式的文件。

语义知识地图呈现的每个单独的文献记录都拥有一个“相对位置”。单独的文献记录都处于彼此间相对应的位置，因而在语义上具有明显的亲属关系。“语义知识地图”同时提供概述、背景和细节，并以虚拟制图的形式表现数字文献，其复杂性要高于表现单个文献。存储的数据表现为由经过语义计算的信息片段及其内容之间的相互关系组成的网络。在形态学的范畴内，与单个作品和艺术家有关的文件隐藏在背景之中，并以由思想、观念和实践组成的网络枢纽的形式出现。数字文献成为信息枢纽，而界面“语义知识地图”则提供了带有启示性的技术。存储的信息出现在背景之中，用户通过鉴别掌握新的知识。

哲学家马丁·瑟尔（Martin Seel）把人们观察图像的方式分为以下三大类：“仅仅看到某种事物；把某种事物作为某种事物来看；在某种事物

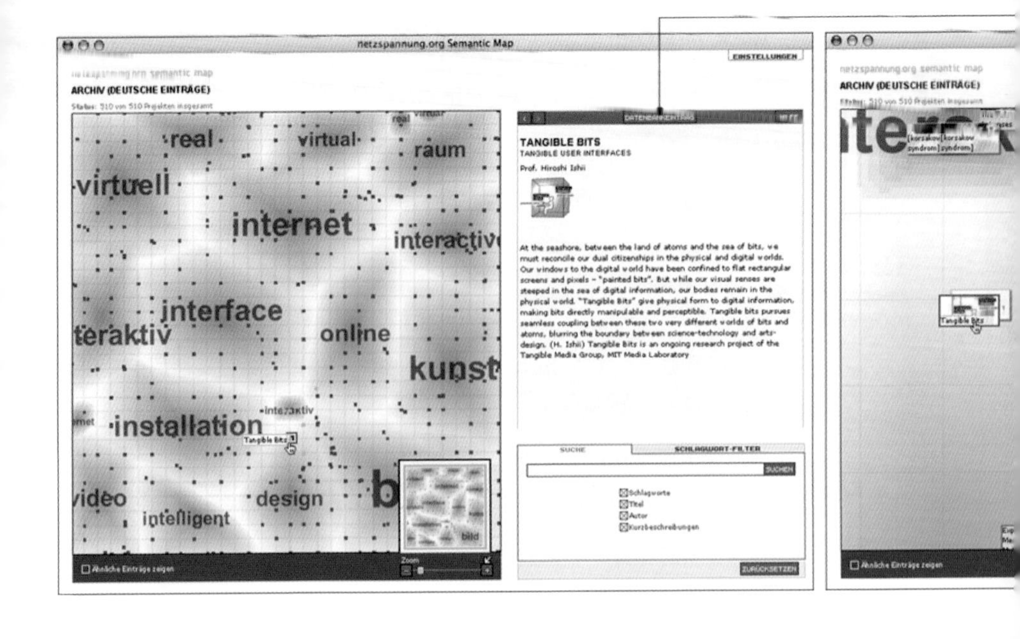

中观察到某种事物。”“语义知识地图”的使用者看到文献的图像；他们通过“语义知识地图”观察到不同文件的内容之间的关系。“语义知识地图”推动知识的创造，并从认识论的角度观察使用者的基本成就。使用者参与了作品的创作，并赋予作品以意义。搜索结果不按等级排列。“语义知识地图”是视觉搜索与发现引擎的雏形，这类引擎支持目标导向搜索与开放式浏览。

“语义知识地图”是为追踪不同数据库记录的描述之间的语义相似度而进行的尝试，系统性的分类永远不能用于衡量数据库彼此之间的直接关系。诺贝尔奖得主、物理学家特奥多尔·W. 亨施（Theodor W. Haensch）认为，“语义知识地图”是未来100种最富创意的产品之一，可以为改变我们的生活指明新的途径。

它可以帮助到访者更好地找到相关的信息，所以我们把它叫做自我组织的地图。同时，档案库来自于知识的发生器，它的数码架构是通过文

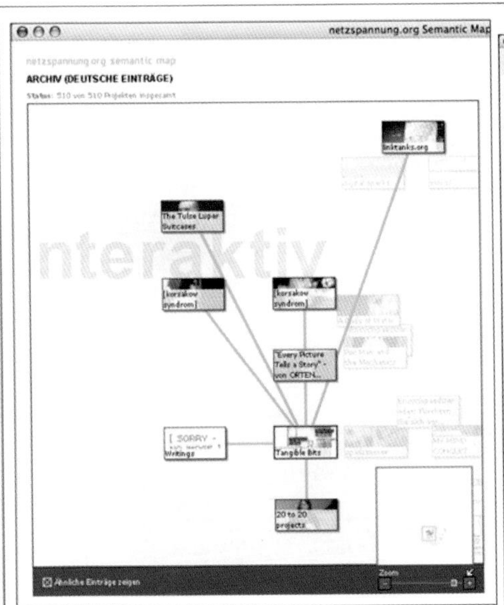

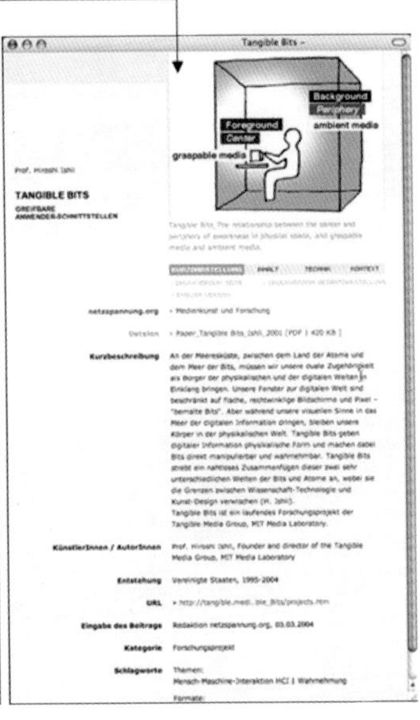

字的方式创建的。所有的数码档案库都是由一个小方块代表的，点击这个小方块就可以进入档案库，就像我们常在网上看到的界面。

我们的数码档案越来越多，并且现在每年都会有一些变化。比如有的时候有些档案变化了，有些档案库的方块变大了等，同时它的位置也是不断在变化，并不是固定的位置。大家看到上面有很多的细节，现在这种数码的档案是非常复杂的，而且所有的字都是出现在界面上，同时可以表达各种思想，各种文字都可以在上面清晰地看到，大家可以通过数码库进行资料的搜索。

现在他们在看我们的档案，他们看到的图像，他们看到的是语意的地图，他们可以给我们以帮助，使这些人更方便地使用搜索功能。他们在找与数据库里面意思相近的词，并找到这些词和内容之间的相关性。同时，“语意地图”是非常创新的工具，可以在未来改变我们的生活，被评为未来最具影响力的100个发明之一。

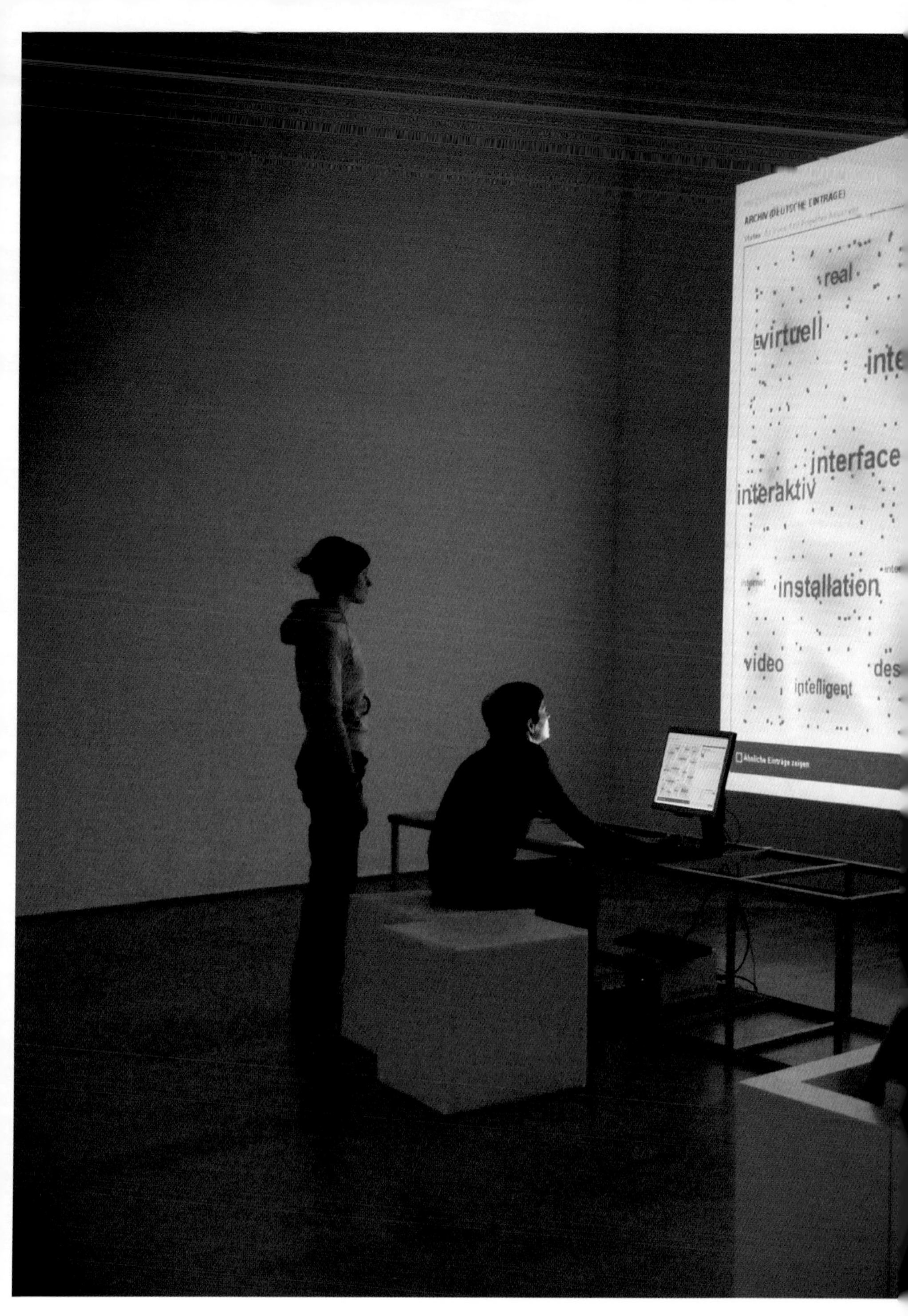
real
virtuell
interface
interaktiv
installation
video
intelligent

语义知识呈现

● 获取在线档案的视觉界面在使用者间将心理模型或具体表现手法连接起来，有助于使用者构建意义和语义联系。该视觉界面必须根据上述作用的实际实现程度进行判断。这也会产生新的问题：为实现数据具象呈现，其外观应如何：形象化，时态化还是空间化？什么是旧知识，什么是新知识？正如爱因斯坦所说，旧的思维方式产生的问题需要用新的思维方式来解决："想象力比知识更重要，因为想象力是无限的，且包含了整个世界。逻辑带你从A走到B，而想象力能把你带到任何想去的地方。"

未来：解调或研究
——互动性是一种促进改变的文化手段

在未来，流水作业界面，连同将用户在产业和日常生活中使用社交网络、按照《少数派报告》作出的模拟预测以及人工智能驱动程序等中的行为评估数据一起，可能在现实中加以应用。

在制定语义地图（Semantic Map）（2001—2004）期间，人们一直在不断提出一个问题：还有多久，谷歌才会利用相似的技术进入这个市场？2003年至2005年期间，聚集效果地图测试装备曾问世，并向公众开放，但仅仅是昙花一现。他们只是基本的零星碎片，对应语义网络的Web2.0模型，此后则开启了新的3D空间和三维显示的可能性。地理媒体图像的生产和消费成为了可视化产销合一的一部分。

"'产销合一'这个词不仅仅指最近混搭型媒体，还指一种新的媒体交流和管理方式：混搭型媒体的结构自由，基于某种特定的基础生成。此前，稳定的社会和媒体结构会采用传统的生产、分配和接收分类，但是目前混搭型媒体正在这一领域以一种全新的方式进行发展。"

今天，主要是由像美国国家安全局（National Security Agency，NSA）这样的组织从事整个因特网和其他网络的语义分析工作。谷歌则主要利用数据储存的语义分析来达到其商业目的。学术性科技团体则追求以图像和影片研究以及口语单词和本地化为基础，来实现计算机语义理解的新发明。

在未来，网络化知识会为使用者、警察和企业服务。智能手机中的传感器可能会被滥用。今天，监测苹果手机的键盘输入情况早已成为可能。所有人都能进行键盘输入，就像进行实时计算机游戏一样方便。这些媒体的强力措施和实践行为仅仅是因为使用者缺乏对自身的思考。通过视觉图像将其融入其中的转换过程正在成为主流，但却不能从远处观察自身的运行情况和行为。这不仅会使消费者产生临界行为，还会对自身造成损害。

我们所作的预测不是关于此处所说的研究会带来的特定用途。我们只是在观察：在未来，“研究艺术”和“交流设计”同等重要，并且两者之间的关系在迄今为止的基础上会更加和谐。互动性知识，即科技辅助的交流过程中产生的知识，是参与、编码和解码过程的基本的文化手段。未来界面应具有互动性，并能使形象再现。他们应该发现知识，并让其发挥作用，例如参与到社会建设中，或者通过高速网络连接应用于分享工作区内。互动性知识包括分析、视觉化、模拟、合作办公和远程办公以及网络文化。互动性知识具有模糊性，并且仍然在不断地发展中。科技互动性知识需要不断与自然互动性知识密切联系，且紧随其发展。

艺术史学家比特·威斯（Beat Wyss）观察到通过降低复杂性，媒体流或语义地图等界面会产生一种模糊性的知识。对威斯而言，艺术是超越其他存在的一种交流手段。他将艺术图像与科学图像加以区分，认为艺术图像具有交流特质，而科学图像则截然不同，科学图像具备操作性。“艺术家会妨碍实际操作，然后将实际操作引入公共领域并从美学的角度进行评价，而科学图像则任凭交流者对其进行支配。”

数字化档案不仅仅是一种“符号形式”。作为一种“符号形式”，数字化档案可以带来一种全新的知识文化，而且这种知识攫取方式完全不同于传统的学习方法。在研究中，我们对知识探寻工具进行了测试，这一点在最后的报告中也有所描述。积极使用知识探寻工具可以提高自我效能。在与互动性媒体的接触中，这是一种最核心的体验。数字化档案并非用以提高教师对教学的认识和学习，而是帮助学习者培养调查学习的能力。知识探索工具并非通过知识权威来传播知识，而是帮助积极开展研究和调查工作。

作为一种发现引擎，数字化档案的重要意义在于其可能发现未知事物，认识新事物，还原思维的早期运动，并且在知识方面提供支持，可揭示和跟踪知识。我们所处的这个时代以因特网和档案开放为特征。似乎再也没有任何知识只属于特权阶级，再也没有任何学科知识存在，似乎所有知识都已经或者正在实现使用自由化。但是在辩论和干预中，人们还是会拿出一些问题不断进行讨论：媒体是否能影响知识和真相？为什么？以何种方式增强自己的影响力？媒体是反映社会现象还是创造社会存在？作为一种知识文化，如果能将设计和发明的视觉和批判性反思都考虑在内，那么设计就可以创造出实现改变的工具，以此来改变我们的世界观。

环境定制

未来设计与建筑中的感应材料

Enactive Environments
-
Thinking and Creating with Responsive Materials in Design and Architecture

什么是“情感型环境”?

新型响应式材料是什么样子？怎样使用？
在未来，环境的互动性是怎样体现的？
感应材料的出现会给建筑和设计创意过程带来怎样的改变？相关的美学实践呢？
仿生设计与智能材料可以结合吗？

SILLY PUTTY
INGOLD
LEAKING OF
ALCHEMY: NOT QUITE KNOWING
WHAT'S HAPPENING
CLOSE
EXCHANGE
NOT LOSS
OF FORM

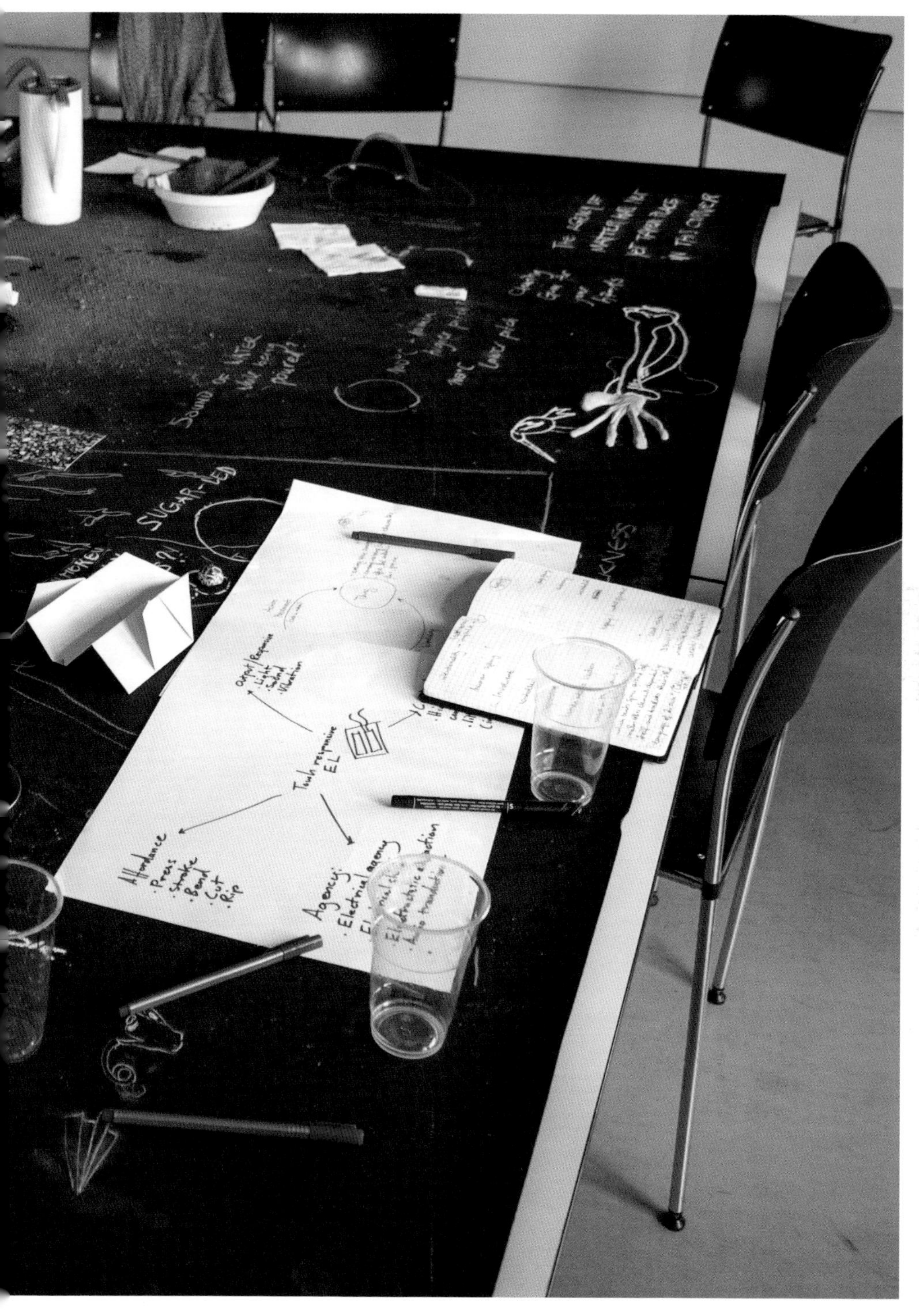
SUGAR-BED
Touch responsive EL
Output/Response
·Light
·Sound
·Vibration
Affordance
·Press
·Stroke
·Bend
·Cut
·Rip
Agency:
·Electrical agency

人们总说设计改变生活。于是，人们不断地追随新设计和新潮流。到后来，欲望成为了惯性，追随就变成了追逐，设计必须不停地向前奔跑，向人们不停地提供新的形式、新的风格，才能满足人们日渐畸形的逐新心理。最终我们会发现，很多所谓的新设计除了提供新的感官刺激之外并无其他意义，为新而新，最终这种设计什么都不会改变。

设计的“新”与“旧”不应用形式来看，而应该用生活来看。一个设计是否称得上改变了生活，仅仅看它是否成为了生活的调味剂是不够的，而要看它是否转换了生活的概念，是否改变了生活的构成，或者是否为生活开辟了新的维度。

苏黎世艺术大学的环境定制研究小组所做的关于“设计与建筑中的感应材料”的实验也许并非我们传统概念中所认同的“设计”，而更像是一种科学范畴，但它却注定会激活我们对未来生活环境的想象，也为未来生活环境的设计提供出崭新的可能性。

在过去，材料只是被我们认定为一种物质，但环境定制研究小组所探索的感应材料却带有了生物的特性，可以与人进行多感官（声音、触觉等）的互动，可以适应不同的实际环境，也可以适应不同人的个性需求。接下来，设计师们的工具、面对的命题与社会的美学判断都可能会因此而改变。哦，当然，最终改变的会是生活本身。

研究机构：瑞士苏黎世艺术与设计学院	Zurich University of the Arts
国家：瑞士	Switzerland

涉及领域： 智能 / 互动 / 材料学

未来互动设计将全面改造我们的生活

智能手机应用程序、社交媒体平台、智能纺织品等当今的数码产品和系统都是通过与互动设计师密切合作而构思、设计和开发而成的。互动设计师对那些在人们生活中更实用、体验更丰富且相互联系更紧密的系统感兴趣。互动设计在设计、艺术、音乐和性能方面采用大量创意技术。互动设计师将心理学、社会学和人类学知识以及社会和文化融合起来，制作出种类丰富的产品。

实验感应性材料的想法

十多年前，物理计算极大地改变了我们在设计和建筑中使用数码技术的方式。但是，响应式环境和物体仍然是激活材料、结构、光与声的硬件组成部分。

本项目中，我们提出了从“整合制动硬件”向“融合以下元素而进行试验”过渡的想法：机械元素、化学元素、电子元素、数码元素。

通过研究活性材料的先天行为和物理特性，我们认为，形式、行为和互动能力可以设计成一个统一的行为，而不是像原来那样将其与材料的物理和结构特性分开。

在一项利用通电实现照明、发声和运动的定制材料的持续研究项目中，我们发现了一种深远的影响力，即这种方法可以实现创意过程。

一般来说，居住者的入住能够让建筑充满活力。除非自然侵蚀，否则建筑的结构和材料不会随时间的推移而变化。新型材料为我们提供了一个短期内创造空间变换的机会。

2

我们需要研究的基本问题如下：

（1）

在这一背景下，如何接触、理解并设计产品的互动性？

（2）

如何才能找到合适的材料来设计出极为自然、愉悦的人造空间感受？

3

“情感型环境”是利用响应式、适应性和智能元素来丰富建筑和都市空间静态特征的一种方法。这种方式旨在创造一个能够展示那些在自然界中找得到的动态因素的空间。

本项目的目的就是研制出一种典型性材料，能够适用于可以以动态方式响应居民居住和行为的建筑。这种即时响应包括动态运动、视觉、听觉和振动反馈，它们都是基于可以模拟自行组织的自然体系行为的各项算法。

因此，互动开始时是因地制宜的，然后传播到建筑空间的各个部分。居民可以增加或改变空间中已有的运动和声音：他们可以创造一种强化的、新颖的空间和行为体验。由于居民和“情感型环境”之间存在一种共生关系，所以这种设计与人的感受是密切相关的。

4

本项目通过逐步实现预定目标，将探讨以下研究重点和问题：

5

1. 活性材料和结构

6

将新材料和新技术运用到建筑设计和建造实践中，总会创造出新的空间和形式表达。特别是轻质结构方式和柔性外皮的发展，让我们可以实现更为复杂的几何构造，降低运输成本，并让建造工作更轻松、迅速。

7

如今新材料的开发已日趋增多，我们已经可以运用并分享智能材料、薄层膜材料和复合纺织品材料了。

8

这让我们必须思考几个基本的研究问题：

9

（1）
如何利用薄层膜和复合纺织品结构，将仿生设计与智能材料相结合？
（2）
这些材料是否可以和衍生计算能力、演化策略和数码制造相融合？
（3）
利用可能的新能力产生的协同效应的方法可以产生什么样的空间？
（4）
这类材料如何让形式和结构的适应性朝着对物质性的理解而延伸？

10

2. 环境行为

11

自行组织的仿生应用可以让人造体系具备一些自主和响应性有机体的特性。这就引出了以下研究问题：

12

（1）

环境如何体现自己是一个分散且又连续的整体？

（2）

环境的行为指令是如何根据其结构、视觉和听觉特性的相关运动而设计出来的？

（3）

这些行为是如何与来访者的个体和集体活动保持一致的？

13

3. 社会与现象学互动

14

“情感型环境”不仅可以构建居民的活动，还具备以动态方式影响甚至改变这些活动的潜力。

15

因此，我们需要找出：

（1）我们在这个项目中开发的材料和结构会产生什么样的社会和现象学体验？

（2）空间安排和时间响应是如何影响居民行为和情感状况的？

（3）能动性（例如，空间、单独模块、人、群体的能动性等）是如何感知和生成的？

因此，首先是，我们需要找出一种能够激发全自动的材料的方式。

16

在工业设计、室内建筑和互动设计的交叉领域中，我们将探索智能材料在设计中的应用以及材料的这种将空间变为响应式和适应性环境的能力。

18

通过从零开始开发活性材料，我们应当设计材料的行为，同时对上述电子、机械性能、类似物和数码性能进行试验。

19

概念 1：

新型响应式材料的关键在于其主动行为，
例如，能够对人、信息、阳光、雨水作出反应。

概念 2：

响应式材料可以自行照明、移动、改变颜色、并自发行动。
也就是说，响应式材料具备生物特性。
这些材料能以复杂、有机的方式与人类感受相关联，
展现那些自然界中可以看到的微妙变化和适应性，
而我们的目的就是要实现这种特性。

20

自己动手

21

新型响应式材料本身具有活性（主动性）：他们可以自行照明（电致发光纸）或自行移动（电活性聚合物）。这些材料能做什么？可以有哪些形状和结构？又应该如何应用呢？

22

我们将探索智能材料及其将空间变为响应式、适应性产品和环境的能力。我们将为展示敏感性、恢复力和腐坏性等特性的膜结构建立推测模型。通过切实开发活性材料并运用其特性，我们会对电子、机械性能、类似物和数码性能的极限进行试验。本课程的基础就是"自己动手"：学生不需要购买复杂的活性材料，而是自己制作，然后将材料运用到项目中去。

23

本课程融合了工业设计、建筑和互动设计。学生将获得独特机会，从事"情感型环境"研究项目的工作，并与EMPA：瑞士联邦材料科学与技术实验室与瑞士联邦理工学院CAAD系的负责人合作。他们将学习制作具有内在能力来改变不同环境条件和状况下的材料状态和性能的过渡性或活性材料。

24

由此，我们要问：

（1）

我们在这个项目中开发的材料和结构会产生什么样的社会和现象学体验？

（2）

空间安排和时间响应是如何影响居民行为和情感状况的？

（3）

我们处理这种材料时会产生哪些感受、联想、思考、故事和哲学理念？

25

因此，我们的目标分为两方面：一方面，我们要反映出活性材料及其独特的行为和性能；另一方面，我们试图以更为主动和更具表述性的方式，发展出能够实现材料或物质性概念化的重要方法和艺术方法。将思考的能动性和物质的能动性怎样结合在一起，才能实现创意的想法和新的理论概念呢?

我们从不同角度来研究这一课题：从对关键术语资料的详细研读和讨论，到利用创意技术并对物质本身进行实践——工作坊可以提供一个环境，让我们能够生动且系统地在活性物质和活性物质性的理论概念之间转换。这种实践和思考的互动关系，如将理论工作与实践工作结合起来的做法，可以开拓有关物质问题的新见解和新看法。

因此，我们需要进行大量试验。我们邀请学生在互动设计研究中参与“生命空间工作坊”，在工作室以及公共空间进行各种试验性的研究。

26

我们的实验阶段包括：

1. 电活性聚合物I

2. 电活性聚合物II

3. 热变色墨水和银墨水

4. 电致发光屏幕

27

天真是一种有效的视角

28

过去十年中，我们一直从以下两个视角来探讨研究问题：

（1）第一个视角的重点是对互动物质进行直接试验，如智能材料或行为的声音反馈。实践法让设计师可以运用未知事物。

（2）第二个视角是探索日常背景下的社会行为。这种情境性方式采用的是一种观察世界的移情方式，可以从对“基于社会背景的安装活动中产生的情况”的理解中来酝酿想法。

29

这两种视角的联系在于一种特定的天真性。我们将其解释为：

30

一方面，我们以一种“天真的”方式接触、探索并研究数码、类似情况、化学和生物响应式材料，从而避免在实验中以刻意设计或耗竭的方式使用这些材料。

31

另一方面，我们在公共空间以同样愉快的方式来接触人、地点和活动，有意避免出现“人在接触我们安装的产品作出的反应”的偏见（我们自身的、大众的以及可以预计到的那些偏见）。

32

我们采取的方式就是上述两种路径的结合，旨在展示这种天真地看待、研究和质疑方式是如何影响我们研究互动性的方式的。这就是我们设法让大量学生参与研讨会，让他们在娱乐中试验并处理那些不寻常的、一开始可能没用、看上去没有意义的材料的目的。

33

通过响应式材料生成“定制型环境”

34

研究成果就是可以展现新型响应式环境的膜结构。这种结构包含了明亮度、适应性、生命力和腐坏性。

35

我们把这种环境称为“定制型”，以反映出以下两个方面：

（1）在设计过程中对物质的直接探索。

（2）居民对此类空间的探索性感受。

36

我们利用理论和计算方法将参数设计、数码制造、物理运算、电子和材料科学中先进的技术融入机器智能中，并在真实世界背景中对它们进行设定。

37

这种做法就会产生几种制作激光切割电致发光（EL）薄膜的动态照明装置。这些装置可以感知位置、居民数量和速度，并通过一系列无线联网原件对其作出反应，从而促进与环境的进一步互动。

38

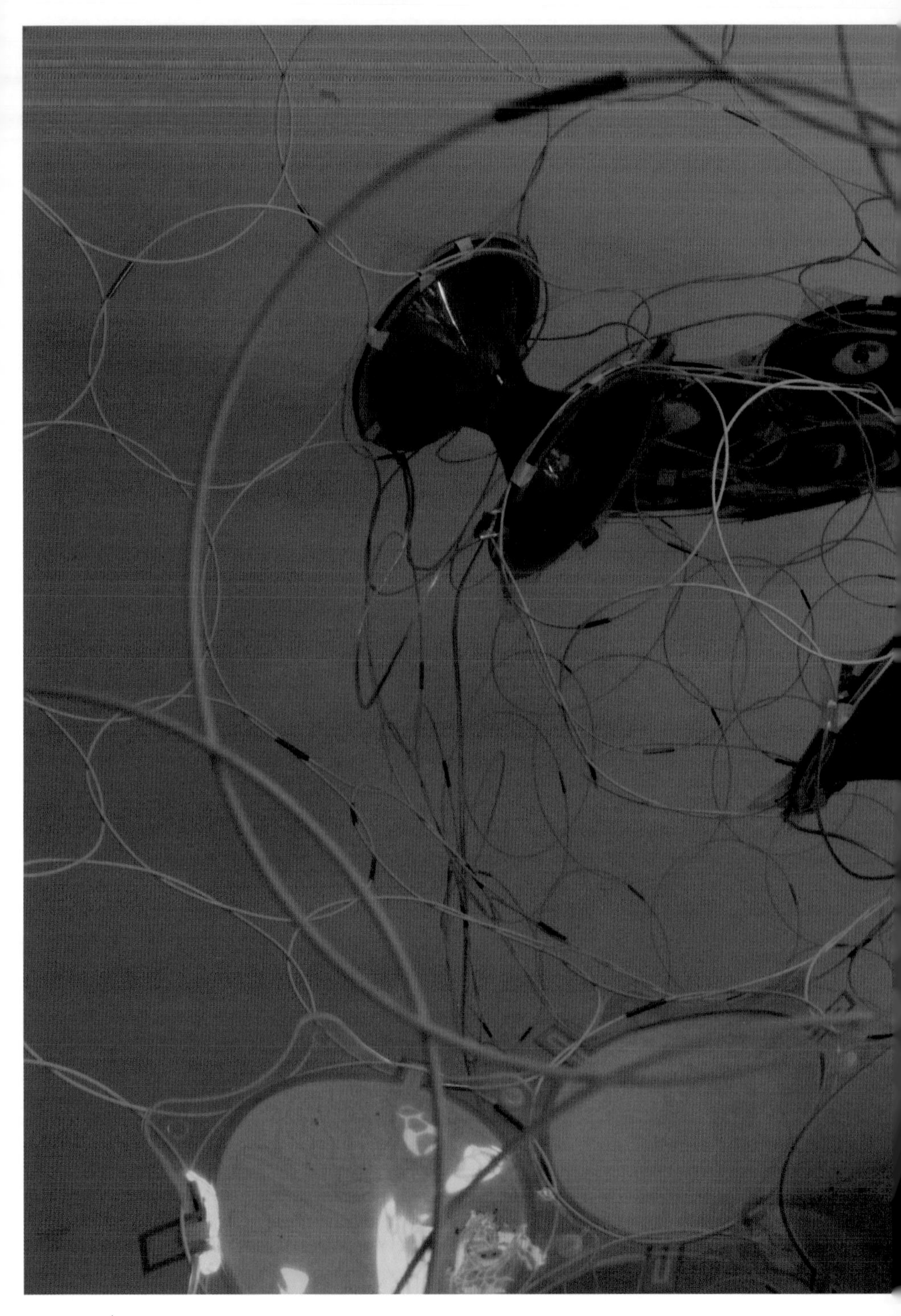

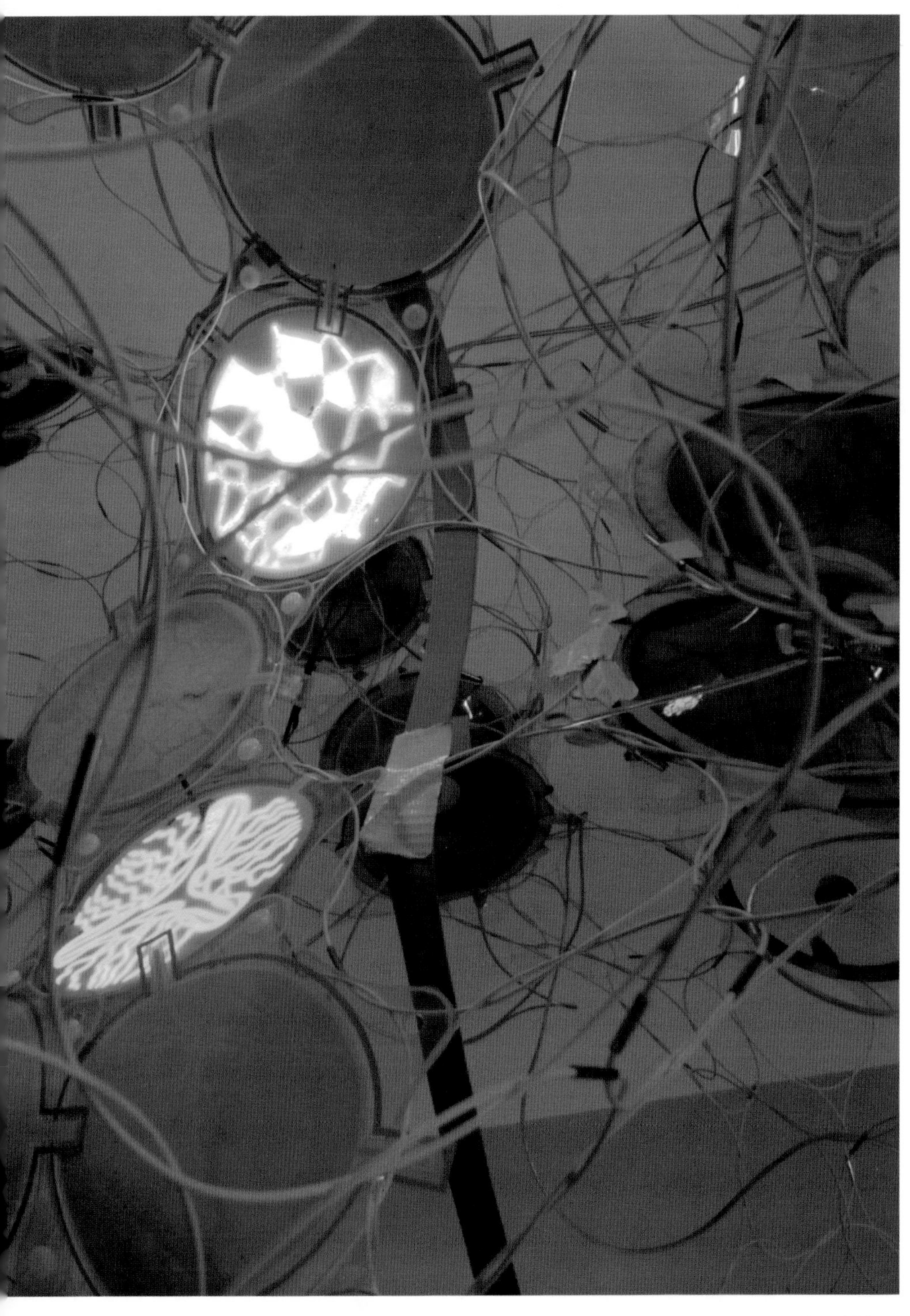

附录

Appendix

链接的城市——通过建筑立面激活并联通城市公共空间

Connecting Cities - Inspiring and connecting the public spaces through urban media facades

发起方

公共艺术实验室(柏林，德国)

Public Art Lab (Berlin Germeny)

柏林公共艺术实验室是城际连线网络项目发起方，旨在共同组织和完成城市媒体艺术项目，推广网络化媒体立面基础设施。柏林公共艺术实验室总部位于柏林，是一家行为研究实验室，专门将不同地方关于公共空间的作品收集起来，进行联合展出。

官方网站：www.publicartlab.org

参与方

林茨电子艺术未来实验室

Ars Electronica GmbH Linz

电子艺术未来实验室旨在通过采用应用科学的方法和策略，为可能的未来图景提出艺术导向的实验性解决方案。该实验室为电子艺术中心下设的跨学科研究实验室。奥地利林茨电子艺术节始于1979年，是目前最重要的新媒体艺术节之一，每年共有约35 000名观众参与其中。

官方网站：www.aec.at/en

伊斯坦布尔人体概念艺术协会

BIS Body Process Arts Association Istanbul

人体概念艺术协会成立于2007年，总部设于伊斯坦布尔。协会致力于探索人体与数字化流程相结合的艺术表达方式。在全球化浪潮中，技术革新带动全球变革，一年一度的琥珀艺术节(Amber Festival)也反映了这一点。因此，该协会应运而生，旨在搭建当地艺术和科技交流与生产平台。

官方网站：www.amberplatform.org/en/

利物浦艺术与创意科技基金会

FACT Liverpool

艺术与创意科技基金会始建于2003年。该基金会领导并组织在全英国范围内推行新媒体艺术形式，推广电子科技，并开展蜚声国际的展览项目。该基金会还作为一所跨学科研究中心，拥有全英最大的视频艺术档案馆(全名“艺术与创意科技基金会档案馆”，由文物彩票基金出资建立)。

官方网站：www.fact.co.uk

布鲁塞尔交互媒体艺术实验室

iMAL Brussels

交互媒体艺术实验室——iMAL数字文化科技中心是一所非盈利机构，于1999年成立于布鲁塞尔，并以借助计算机和网络技术媒介推广艺术与创新实践为目标。2007年，iMAL开设新馆，即数字文化科技中心。该中心致力于推广计算机、电讯、网络以及媒体相互融合所带来的当代艺术文化实践。

官方网站：www.imal.org

赫尔辛基媒体文化中心

m-cult Helsinki

该媒体文化中心于2010年迈入其第十个年头，期间主要从事公共场所的运营和管理工作。该中心将继续强调多媒体艺术、社区媒体和开放资源文化间的互动，致力于推动数字媒体文化发展，推广新型参与性生产模式和开放平台。

官方网站：www.m-cult.org

马德里普拉多媒体实验室

Medialab-Prado Madrid

马德里普拉多媒体实验室旨在创造、研究与推广电子文化，提供永久信息和会议空间。该实验室主要推广免费软件与文化作品，并从事电子产业版权许可和知识产权领域的工作，促进开展相关公开辩论，提高公众文化素养，鼓励创新。

官方网站：www.medialab-prado.es

维也纳媒体建筑研究所

Media Architecture Institute Wien

媒体建筑协会成立于2009年，前身为媒体建筑群(Media Architecture Group)，目前已发展成为全球领先的媒体建筑专家网络。该协会旨在配合各大注重研究活动的院校和研究院的工作，主要通过网站首页、会议和双年展提供交流平台。

官方网站：www.mediaarchitecture.org

萨格勒布当代博物馆

Museum of Contemporary Art Zagreb

萨格勒布当代艺术博物馆成立于1954年，旨在关注、记录与推广当代艺术的重大活动、风格和现象。该博物馆于今年设立新馆，是一座采用了众多高科技的大型建筑，并首次为克罗地亚和国际公众举办了当代艺术长期展览。

官方网站：www.msu.hr

里加2014艺术节

Riga 2014

里加为2014年欧洲文化之都。此概念源于公众和当地社区参与的文化项目。里加2014艺术节将成为展示欧洲文化之都城际连接项目的平台。

官方网站：www.riga2014.org

◆ “链接的城市”得到了欧盟2007－2013文化行动计划和歌德学院的支持。

马赛视频传播协会
Videospread Marseille

马赛视频传播协会成立于2006年，利用快速发展的城市展示系统与媒体立面传播非商业内容。协会主要为全法的大型城市显示屏网络开展各类艺术家项目。

官方网站：www.videospread.com

协作方

奥尔胡斯大学高级可视化与互动中心
Centre for Advanced Visualization and Interaction，CAVI

奥尔胡斯大学高级可视化与互动中心将艺术和科技相结合，主要进行文化生产和研究。2012年，奥尔胡斯大学与维也纳媒体建筑协会合作组织举办了第二届媒体建筑双年展，此次会议吸引了全球媒体建筑和城市媒体设施领域的众多观众参加。

官方网站：www.cavi.au.dk

马赛-普罗旺斯2013艺术节
Marseille-Provence 2013

马赛·普罗旺斯，2013年欧洲文化之都，历史文化资源丰富，包括阿尔勒的古罗马遗址、普罗旺斯地区萨隆的中世纪建筑、伊斯特尔和马尔蒂盖的工业区、普罗旺斯地区艾克斯的文化中心、欧巴涅的粘土行业以及马赛的希腊遗址。但是真正的奇迹是马赛-普罗旺斯2013艺术节，这是贯穿该地区历史与现实、期望与前景的特殊之旅。

官方网站：www.mp2013.fr

蒙特利尔MUTEK组织
MUTEK Montreal

MUTEK是一个非营利性组织，它致力于推广与发展声音、音乐和视听艺术领域的电子创新，主要为在自身领域活跃且具有远见卓识的原创艺术家搭建平台，并同时发掘潜在的观众群，让更多的人加入其中。MUTEK的主要活动为每年一度的同名音乐艺术节，该活动于2000年首次举办于蒙特利尔。

官方网站：www.mutek.org

蒙特利尔奇观区
Quartier des spectacles Montreal

奇观区合作伙伴关系旨在与政府当局和广大利益相关者一道，通过整个城市、社会和经济因素与各大活动，推动文化发展，增强法院大道娱乐区的影响力。自2003年建立以来，该合作伙伴关系已在视频投影和互动可能性等技术领域打下了坚实的基础，对城市发展所面临的挑战有了充分的认识。蒙特利尔拥有八座全年使用艺术视频投影的建筑，这在全球可谓绝无仅有，同时也使得蒙特利尔成为全球城市媒体艺术的领导者之一。

官方网站：www.quartierdesspectacles.com

包豪斯德绍基金会
THE BAUHAUS DESSAU FOUNDATION

包豪斯德绍基金会成立于1994年，目前已发展成为研究包豪斯历史的重要机构，为当代设计对话提供了重要支持。该机构主要负责举办各式会议、展览，承办包豪斯艺术节，并组织国际留学生与专家的交流活动，为塑造现代生活环境作出了重大贡献。

官方网站：www.bauhaus-dessau.de

圣保罗文化神韵组织
Verve Cultural Sao Paulo

2011年，圣保罗神韵文化组织发起了在SESI大厦上打造数字展厅的项目。该项目致力于举办音乐活动，推广音乐设施，开展各类当代艺术和数码艺术展。神韵文化旨在推动全国和全球的艺术家进行交流，通过多媒体资源对城市的干预措施详情进行相关实验。其项目大多具有一个共性，主要目的均在于推动大众参与到艺术、文化和科技的良性互动中，并在公众场所开展活动，观众可随意入场或免费领取入场券。圣保罗规定，鉴于商业污染严重，必须移除或减少所有广告牌和广告屏，此举为建立“清洁城市”提供了绝佳的机会。圣保罗将各大建筑的洁净外观确立为文化媒体立面，可谓是在保利斯塔大道开展了新领域的城市实验。

官方网站：www.vervesp.com.br

墨尔本联邦广场
Federation Square Melbourne

墨尔本联邦广场地处墨尔本市中心斯旺斯顿路与弗林达斯路交界处，占地为整个街区面积，是墨尔本的艺术和体育专区。该广场于2002年对公众开放，被称为墨尔本的“聚会场所”，为当地居民常去的休闲娱乐场所，并深受游客欢迎。联邦广场中央拥有大型屏幕，经常用于转播重大赛事，或播放无线广播内容以及宣传片，展示艺术作品，开展互动性多媒体项目。

官方网站：www.fedsquare.com

文字的并存——全球化背景下，版式设计中的多种文字混排

Multilingual Typography - Coexistence of different type system

项目主持人

Prof. Ruedi Baur.

Ulrike Felsing（项目共同领队人）
Roman Wilhelm（中文领域视觉文化思考及设计）
Jeannine Moser（研究助理）
Nathalie Bao-Götsch（研究助理）
Wu Jie 吴杰（研究助理）
Eva Luedi Kong（汉学研究助理）
Sébastien Fasel, Fabienne Kilchör（图形延展设计）
Vera Baur Kockot（文化顾问）
Clemens Bellut（文化顾问）
Marc Winter（汉学顾问）

研究团队

日内瓦艺术设计大学
Geneva University of Art and Design

日内瓦艺术与设计大学坐落于日内瓦市中心，是瑞士最重要的艺术设计培训机构之一。它提供了一系列高水平的本科和研究生课程，横跨视觉艺术、影视、室内设计、平面设计、时装和配饰设计以及媒体设计等广阔的设计领域。工作室项目、课程、研讨会、委托工作、由国际艺术家和设计师带领的工作坊等构建了一种动态的教学环境，以塑造一种自由、个性并富社会责任的空间。审美实践结合理论教学的方式旨在尽可能多地获得复合智能思考的经验。

◆ 该项目由瑞士国家科学基金会和瑞士文化基金会赞助

进入大白鲨——供青年创业者使用的临时空间

Inside the white whale - Temporary spaces for young entrepreneurship

研究团队

桑德伯格学院“空闲的荷兰空间”工作室（阿姆斯特丹）
Studio Vacant NL, Sandberg Instituut, Amsterdam (NL)

桑德伯格学院开设了一个名为“空闲荷兰空间”（Vacant NL）的两年制硕士学位课程（2011年至2013年）。该课程鼓励设计师、创作人员和科学家为临时性利用空闲的建筑与空间构思新鲜、富有创意并切实可行的设计策略。课程要求学生通过亲自动手研究来探索空置建筑所蕴含的潜力。

www.studiovacant.nl
www.sandberg.nl

工作团队

Annet Jantien Smit
Vacant NL 客座导师，建筑师，研究者
http://www.denkbeeld.info/home-en/

Barbara Visser
Vacant NL导师，视觉艺术家
http://www.barbaravisser.net/about/

Bouwko Landstra
Vacant NL导师，设计师
http://www.landstra-devries.nl

Celine de Waal Malefijt
Vacant NL学生，交互及空间设计师
http://knol-ontwerp.nl/about/

Christiaan Bakker
Vacant NL学生，室内建筑师
http://christiaanbakker.com

Daan van den Berg
Vacant NL学生，室内建筑师
http://nl.linkedin.com/pub/daan-van-den-berg/15/104/650

Erik Rietveld
Vacant NL课程指导，哲学家，经济学家
http://erikrietveld.wordpress.com/about-2/

Ester van de Wiel

Vacant NL导师，公共空间设计师

http://estervandewiel.wordpress.com/ester-van-de-wiel/

Frank Havermans

Vacant NL导师，建筑设计师

http://frankhavermans.wordpress.com/office/

John Lonsdale

Vacant NL客座导师，建筑师

http://www.johnlonsdale.org/index.php?/about/

Jurgen Bey

桑德伯格学院主管及Vacant NL导师，设计师

http://www.studiomakkinkbey.nl/info/about

Henriëtte Waal

Vacant NL学生，艺术家，公共空间设计师

http://www.henriettewaal.nl/overmij.php?lang=en

Hessel Dokkum

Vacant NL客座导师，艺术家

http://www.rainbowcolorproductions.nl/hessel.html

Huib Haye van der Werf

Vacant NL客座导师，策展人

http://taak.me/?nk_people=huib-haye-van-der-werf&lang=en

Jorien Kemerink

Vacant NL学生，交互及空间设计师

http://knol-ontwerp.nl/about/

Martine Zoeteman

Vacant NL助理及导师，建筑师，作家

www.stadvogels.nl

Pieter Alexander Lefebvre

Vacant NL学生，建筑师

http://www.kads.nl/corp/index.php?itemid=12879&page=514&site=40&ln=nl

---

Ronald Rietveld

Vacant NL课程指导，景观建筑师

http://www.raaaf.com/nl/studio

Ruiter Janssen

Vacant NL学生，平面设计师

http://www.ruiterjanssen.nl/about.php

Sjoerd ter Borg

Vacant NL学生，政治学者，项目经理

http://uitgeverijvanleegstand.nl

Vibeke Gieskes

Vacant NL导师，编辑，项目经理

http://www.gieskes.nu

未来博物馆2040——不同博物馆的未来发展模式猜想

The Museum of the Future 2040 - the imagination of the model of four different museums

研究团队

伦敦艺术大学中央圣马丁艺术与设计学院
叙事空间设计(硕士)系
MA Narrative Environment, Central Saint Martins, University of the Arts London

中央圣马丁艺术与设计学院是一个集艺术、设计、表演和文化中心于一体的学院。其目标是提升下一代的创作才华,推动经济增长,创新和塑造我们的未来。CSM的工作人员和学生具有享誉国际的创意能力。4 400名学生茁壮成长在一个给予他们高度支持和启发的学习环境中,他们被鼓励去尝试、创新、承担风险、发现问题并不断探索。叙事性空间设计系(硕士)倡导在建筑师、信息传达设计师与策展人之间的协作实践。学生们在由多学科背景成员组成的小型团队中展开合作,通过故事和叙事方法来创造让人铭记于心的参观体验,以及让顾客展开在文化、品牌与城市环境之间的体验之旅。该学科认为故事都隐于空间中的材料、结构、图像、标识、顺序和社会使用之中。设计通过改变建筑形态,整合物体、文字、声音、图像、影像与数码交互的方法,来增加或减少环境的叙事性,从而为目标观众创造一个专属的体验空间。

合作研究

预见+调研+创新是ARUP内部的智囊和顾问,并关注于未来的建筑环境。其服务的客户来自于广泛的地区和部门,并帮助他们理解新趋势,探索新思想,从根本上重新考虑他们未来的商业发展。我们发展的概念是“远见设计”,将新的思想带入生活,并从事客户和相关利益者之间关于变革的有意义的对话。

Tricia Austin(项目主持人)
Sarah Featherstone(建筑师)
Rakhi Rajani(设计心理学家)

ARUP

Josef Hargrave, 奥雅纳前瞻+调研+创新
Jennifer Greitschus, 奥雅纳前瞻+调研+创新
Andrew Sedgwick, 国际艺术文化领导者

评审团

Peter Higgins, Land Design Studio创始人及总监
Tim Molloy, 科技博物馆前任设计总监

分项目团队

弗洛伊德博物馆
Freud Museum
设计团队:
Federica Mandelli、Kassie Wong、Tracey Taylor、Yamin Zeng

英国皇家植物园
Kew Gardens
设计团队:
Sonia Kneepkens、Feliciatas zu Dohna、Ilias Michopoulos

维多利亚与阿尔伯特博物馆
Victoria & Albert Museum
设计团队:
Ling Han Liao、Chirag Dewan、Yan Xian Li

华莱士收藏馆
Wallace Collection
设计团队:
Chin Kio Lei、Margriet Straatman、Szu An Yu

智能刺绣　开发纺织品设计的新维度

E-broidery and Interior Embroidery - A new dimension in the design of textile fabrics / Embroidery on non-textile surfaces for the interior sector

纺织之光研究项目负责人

Forster Rohner AG公司的Jan Zimmermann博士、卢塞恩应用科技和艺术大学设计艺术学院的Isabel Rosa Müggler和Andrea Weber Marin教授

项目合作方

Création Baumann AG, NTB Buchs

室内刺绣研究项目负责人

卢塞恩应用科技和艺术大学设计艺术学院Isabel Rosa Müggler和Andrea Weber Marin教授

项目合作方

IGS, St. Gallen刺绣公司, Sitag AG（办公室家具制作公司和木材处理专家）, ag möbelfabrik horgenglarus（木质家具公司和木材处理专家）

研究机构

卢塞恩应用科技与艺术大学

The Lucerne University of Applied Sciences & Arts

卢塞恩应用科技与艺术大学（德语：Hochschule Luzern）是瑞士七家公立应用科技大学之一，创立于1997年1月1日，原名为瑞士中部应用科技大学（德语：Fachhochschule Zentralschweiz），于7年后，即2007年10月15日更名为卢塞恩应用科技与艺术大学。今天，该校拥有五个学院，并在卢塞恩市里和周边拥有多个校区。尽管成立时间不长，该校的历史却可追溯到几所高等技术学校的合并。卢塞恩应用科技与艺术大学的五所学院分别为：

工程建筑学院
商学院
社会工作学院
艺术设计学院
音乐学院

每个学院都提供本科和硕士学位课程，以及研究生继续教育课程，且大多数课程都能给完成学业的学生颁发高级课程证书（CAS）、深入学习文凭（DAS）或高等深入研究文凭（MAS）。所有的本科、硕士和高等学术课程都符合博洛尼亚体系。卢塞恩应用科技与艺术大学强大地推动了瑞士中部商业和文化生活。创新的课程和一流的基础设施满足了学生和未来雇主的多种需求。其研究和与当地以及国内外行业、商界和文化机构的密切合作都是其成功的原因。

卢塞恩艺术设计学院

Lucerne School of Art and Design

卢塞恩艺术设计学院是瑞士最古老的艺术设计学院，其历史可追溯至1783年。同时着眼未来，该学院一直保持可控的规模，致力于为学生提供个人指导和支持。卢塞恩艺术设计学院为学生提供艺术设计领域完备的学科课程。除了以实践为基础的学士学位课程、硕士学位课程以及和商界、研究院合作的项目，还特别注重学生的研究和发展。此外，该学院还非常强调学科之间的合作。该系配有综合的一流基础设施，包括多个室内工作坊、工作室和实验室。本科学位课程包括美术、美术和艺术教育、2D/3D动画、照相机艺术、图像设计、插图（小说类/非小说类）、视频、材料设计、物品设计、纺织设计和设计管理，以及国际生课程（英语）。除了学生课程外，卢塞恩艺术设计学院还提供以下硕士学位课程：公共艺术、艺术教学和动画、图像设计、插图、产品设计、服务设计、电影短片和纺织。该学院有六个研发中心进行研发工作：公共艺术、艺术材料研究、视觉陈述、解释和服务、产品和纺织品、设计管理。继续教育和高级管理人员培训课程包括一门文化管理实践方面的MAS课程和四门设计方面的CAS课程。

产品和纺织品能力中心

产品和纺织品能力中心专注于纺织业的应用设计研究，以创造新的纺织美学，开发新的纺织产品、流程和材料研究为其研究目标。研究主要由跨学科研究小组完成，包括来自其他学科的商界伙伴和研究人员。通过研究，希望能提高当地纺织业的水平，支持其创新，丰富学院的本科和硕士课程。该中心的动机和成功都是建立在瑞士丰富的纺织传统、该中心在纺织设计和材料方面的竞争力以及在该领域长期的研究经验的基础上的。他们的设计方法采用经验主义方法，包括设计理念、系统实验、设计原理、设计介绍和纺织品原型。该能力中心有三个研究课题：未来材料、数字设计和技术以及创新前实验室。研究小组组长：Andrea Weber Marin和Isabel Rosa Müggler教授。

自我非自我——在设计教育中实现从个人故事到社会目标的转换

Self Unself - a good design is a personal design

研究机构

艾因霍温设计学院
Design Academy Eindhoven

艾因霍温设计学院始终追求卓越，努力成为世界上最权威、最具创造力的学院，以及培养顶尖设计天才的专业机构和教育机构。

www.designacademy.nl

项目主持人

Thomas Widdershoven

设计师团队

Alicia Ongay, Aurelie Hoegy, Bora Hong, Daniela Dossi, David Hakkens, Echo Yang, Inge Kuipers, Irma Foldenyi, Massoud Hassani, Monica Alisse

移动之声——使用低端手机在网络上建立移民工人社区

Mobile Voices - projecting the voices of immigrant workers by appropriating mobile phones for popular communication

项目主持人

Sasha Costanza Chock

项目参与者

Raul Añorve, François Bar, Melissa Brough, Adolfo Cisneros, Sasha Costanza-Chock, Amanda Lucía Garcés, Carmen Gonzalez, María de Lourdes González Reyes, Crispin Jimenez, Charlotte Lapsansky, Manuel Mancia, Marcos Rodriguez, Cara Wallis

研究机构

麻省理工学院公民媒体实验室
The MIT Civic Media

麻省理工学院比较媒体研究与写作专业（CMSW），是一个在跨媒体艺术领域中运用批评分析、协同研究及设计的创新专业。它催生思想者，让他们不仅理解媒体变革的动态本质，更能够在当代问题研究中运用自己的观点。它培养当代媒体的实践者和艺术家，让他们在极速转型时代具有批判性和前瞻性，通过参与而创造媒体业与艺术的未来。比较媒体研究与写作专业（CMSW）致力于理解媒体科技，以及运用媒体科技提升生活的方法，全体成员共同承诺为满足21世纪的多种群体所需而开发先进新工具与策略 。

流体文献　动态数据的管弦乐
Fluid Archives - data come to me

作者/研究机构

MARS媒体探索试验室
Media Arts & Research Studies

莫妮卡·弗莱施曼(Monika Fleischmann)和沃尔夫冈·施特劳斯(Wolfgang Strauss)是享誉国际的媒体设计师，他们被认为是虚拟现实、接口与互动媒体设计的先锋。他们的艺术研究专注于两大领域：互动环境中感官传递的身体知觉以及如何通过数字媒体展现知识。1988年，莫妮卡·弗莱施曼和沃尔夫冈·施特劳斯联手在柏林创办了新媒体公司ART+COM。莫妮卡·弗莱施曼于1996年发起并创办了“媒体艺术与研究”(Media Arts & Research Studies, MARS)探索实验室，隶属于德国弗劳恩霍夫媒体传播研究所(The Fraunhofer Research Institute for Media Communication)，并与沃尔夫冈·施特劳斯共同管理该室。他们成功完成的艺术、设计与技术研究项目主要得到了欧盟委员会和德意志联邦共和国联邦教育科研部(BMBF)的资助，资助金额约为每年100万欧元。这些项目旨在围绕新网络媒体与设计流程这一主题推广文化知识和新的教学与学习形式。位于德国不来梅(Bremen)的电子文化工厂(e-Culture Factory)成立于2005年，是一家专注于城市媒体的公司，隶属于MARS实验室。MARS探索媒体实验室是交互式设计诞生初期(1996年至2008年)全世界最顶尖的研发实验室之一。该实验室的跨学科团队由来自艺术、设计、计算机科学及人文学科等领域的40名员工组成，致力于为“知识发现”(Knowledge Discovery)等提供开创性接口。

ZKM艺术与媒体中心
the Center for Art and Media, ZKM

卡尔斯鲁厄ZKM艺术与媒体中心作为一家文化机构在世界中占据着特殊的位置，紧跟信息技术的快速发展和社会结构的变化潮流。该中心的工作结合了创作与研究、展览与活动、协调与文件编制。为开展跨学科项目并推动国际合作，ZKM艺术与媒体中心通过旗下的当代艺术博物馆、媒体博物馆、视觉媒体研究所、音乐印象研究所和媒体、教育与经济研究所集合了方方面面的资源。1999年以来，在彼德·韦贝尔(Peter Weibel)的领导下，ZKM艺术与媒体中心从理论与实践角度深入研究新媒体，考查其内部的发展潜力，考虑可能的典型用途并批判性地研究如何打造一个信息社会。通过和位于卡尔斯鲁厄的国立设计学院以及其他机构的密切合作，ZKM艺术与媒体中心作为一个交流论坛，连接了科学界、艺术界、政治界和金融界。交流中心空间宽阔，游客可以尽情参观各种活动和巡展，观看公共展览，或者访问媒体库。中心为实验和讨论提供了一个平台，旨在通过积极参与打造未来，同时围绕明智而有意义的技术应用开展讨论。

◆ MARS媒体探索试验室主要得到了欧盟委员会和德意志联邦共和国联邦教育科研部(BMBF)的资助

环境定制——未来设计与建筑中的感应材料

Enactive Environments - Thinking and Creating with Responsive Materials in Design and Architecture

研究机构

设计研究院 (IDE)
互动设计 (IAD)
苏黎世艺术大学 (ZHDK)

环境定制研究小组成立于2011年，目的是探索新型的活跃材料是如何改变设计流程的，尤其是与空间和产品互动设计有关的时候。从一开始我们就意识到这种材料很适合用来研究新的创造性的思维实践，以及与当代设计有关的特定话题，如活力、短暂、想象、适应性、款待和可持续性。

研究团队

Karmen Franinovi（项目主持人）

研究小组的创始人Karmen Franinovi是苏黎世艺术大学互动设计专业的教授，也是Zero-Th的联合创始人，后者是致力于研究公开场所社会和感官经历的机构。她持有建筑学的最高学位（Laurea Degree），互动设计的硕士学位以及艺术和媒体的博士学位。她曾担任大型公共建筑的建筑师，而她的研究焦点在定制互动环境、声波互动、城市空间和活跃材料等。Karmen在国际上进行过展览，也发表过文章，此外还是《声学互动设计》（麻省理工大学出版社，2013年）的编辑之一。

Luke Franzke（研究助理）

Luke Franzke是苏黎世艺术大学的设计研究员和教学助理，2006年在维多利亚大学获得多媒体学士学位，随后几年一直担任UI设计师和开发师，主要从事网络培训和学习。通过在苏黎世艺术大学学习互动设计硕士课程，他加入了定制环境研究小组。作为小组成员，他利用短暂材料开发了电子界面，发现重新思考材料与技术的关系的方法。他的主要兴趣在于让业余爱好者和设计师利用新兴的材料技术和创新性的实验流程。

Clemens Winkler（研究助理）

Clemens Winkler从2013年开始加入定制环境研究小组，把设计思维和多感官经历融入传统、新型和投机的材料技术中。他获得柏林艺术大学工业设计和数码媒体设计的硕士学位，以及伦敦皇家艺术学院的设计互动硕士学位。此外，他还是BlingCrete的联合创始人，后者是德国卡塞尔大学的一个材料研发项目。最近他在波士顿的麻省理工大学媒体实验室做访问学生，并开发了建立材料行为模型的数字工具。他通过博物馆和教育框架的多种装置完成了他的工作。

Florian Wille（前研究助理）

Florian Wille在2011至2012年间担任苏黎世艺术大学的研究助理，拥有互动设计的学士学位和整合工业设计的硕士学位。

Codesign 协同设计

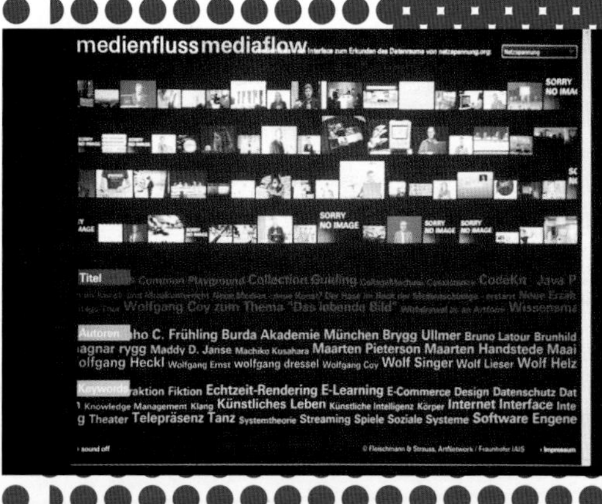
medienfluss mediaflow
Interface zum Erkunden des Datenraums von netzspannung.org
SORRY NO IMAGE
SORRY NO IMAGE
SORRY NO IMAGE
SORRY NO IMAGE
Titel
Common Playground Collection Guiding CodeKit Java P
Wolfgang Coy zum Thema "Das lebende Bild"
Autoren
ho C. Frühling Burda Akademie München Brygg Ullmer Bruno Latour Brunhild
agnar rygg Maddy D. Janse Machiko Kusahara Maarten Pieterson Maarten Handstede Maai
olfgang Heckl Wolfgang Ernst wolfgang dressel Wolfgang Coy Wolf Singer Wolf Lieser Wolf Helz
Keywords
raktion Fiktion Echtzeit-Rendering E-Learning E-Commerce Design Datenschutz Dat
Knowledge Management Klang Künstliches Leben Künstliche Intelligenz Körper Internet Interface Inte
g Theater Telepräsenz Tanz Systemtheorie Streaming Spiele Soziale Systeme Software Engene
sound off
© Fleischmann & Strauss, ArtNetwork / Fraunhofer IAIS
Impressum

鸣谢

九个当代国际设计实验研究项目

1. 自我，非自我

Alicia Ongay Perez, Aurelie Hoegy, Bora Hong, Daniela Dossi, David Hakkens, Echo Yang, Inge Kuipers, Irma Foldenyi, Massoud Hassani, Monica Alisse, Nina van Bart, Tristan Girard

2. 进入大白鲨

Annet Jantien Smit, Barbara Visser, Bouwko Landstra, Celine deWaal Malefijt, Christiaan Bakker, Daan van den Berg, Erik Rietveld, Ester van de Wiel, Frank Havermans, John Lonsdale, Jurgen Bey, Henriëtte Waal, Hessel Dokkum, Huib Haye van der Werf, Jorien Kemerink, Martine Zoeteman, Pieter Alexander Lefebvre, Ronald Rietveld, Ruiter Janssen, Sjoerd ter Borg, Vibeke Gieskes

3. 链接的城市

Jasmin Grimm, Karoline Schirmer, Susa Pop, Anett Reíche, Joelle Linden, Sandra Moskova SMSlingshot by VR/urban (Patrick Tobias Fische, Christian Zöllner, Thilo Hoffmann, Sebastian Piatza)

4. 流体文献

Monika Fleischmann, Wolfgang Strauss

5. 移动之声

项目创始人：Sasha Costanze-Chock

6. 未来博物馆 2040

The Museum of the Future 2040

聆听者

Federica Mandell, Kassie Wong, Tracey Taylor, Yamin Zeng

亲历历史与超级植物

Sonia Kneepkens, Feliciatas zu Dohna, Ilias Michopoulos

新世代收藏家

ChinKio Lei, Margriet Straatman, Szu An Yu

游牧博物馆Nomad Havens

Ling Han Liao, Chirag Dewan, Yan Xian Li

指导老师：Tricia Austin, Sarah Featherstone, Rakhi Rajani, Josef Hargrave, Jennifer Greitschus, Andrew Sedgwick

评审团：Peter Higgins, Tim Molloy

7. 环境定制

Karmen Franinovi, Luke Franzke, Clemens Winkler, Florian Wille

8. 文字的并存

团队带头人General lead: Prof. Ruedi Baur.

9. 智能刺绣

项目负责人：Dr. Jan Zimmermann (Forster Rohner AG), Isabel Rosa Mueggler & Prof. Dr. Andrea Weber Marin（卢塞恩应用科技与艺术大学设计艺术学院）

应用研究项目室内刺绣

项目负责人：Isabel Rosa Mueggler & Prof. Dr. Andrea Weber Marin（卢塞恩应用科技与艺术大学设计艺术学院）

项目伙伴：Création Baumann AG, NTBBuchs

中国设计师的“自我世界”

讲座：一人一世界

庞伟（景观设计师）
又一山人（跨界设计师）
都市实践（建筑事务所）
广煜（平面设计师）
梁景华（室内设计师）

今日设计教育机构图谱

讲座：国际设计教育

向帆（设计指导）
何盈（视觉设计）
刘志杰（程序开发）
蔡珺茹&冯美婷（数据收集）
关远志&邹武文（展览设计）

六场开幕主题讲座

主题：新技术，新可能

今天，科技成为推进设计发展的主要动力。但对于大多数的设计从业者来说，还缺乏具体的感受，而更像是一个传说。这里，我们将有幸邀请在世界设计/科技研究领域享有盛誉的四位专家来介绍他们对今天设计/科技研究的理解，以及他们精彩的研究项目。

Susa Pop
建筑的媒介立面——公共空间的新展览形态

Isabel Rosa Müggler & Andrea Weber Marin
应用纺织品设计研究中的设计视野及入门

Monika Fleischmann & Wolfgang Strauss
流体文献——动态资料的管弦乐

主题：新视野，新世界

在这个疾速变化的时代，知识系统需要不断地更新。在设计领域，大家习以为常的视角可能已经失效。只有根据时代发展寻找合适的新视角，才能有效地推动设计的进步。这里，四位分别来自建筑、产品、平面、城市空间文化、视觉的研究者与实践者将共同讲述他们是如何通过新的视角来推进设计研究与实践。

Thomas Widdershoven
自我，非自我

Jurgen Bey
进入大白鲨

Patricia Austin
研究叙事：未来博物馆2040项目

论坛鸣谢嘉宾：钱竹、彭杨军、胡洪侠

特别感谢

策展组：张凡、杨福辉、时光
图书编辑：樊宏烨
展览空间设计：ORPROJECT
展览空间设计总监：Christoph Klemmt
展览空间设计：Christoph Klemmt、Rajat Sodhi、杨率
展览视觉设计：联合设计
展览视觉设计总监：邓远健
展览视觉设计设计：邓远健、廖子成、秦泽强
书籍设计：杨林青

主办

支持

2013 OCT-LOFT 创意节
OCT-LOFT CREATIVE FESTIVAL 2013
DESIGN EDGE : INSIDE / OUTSIDE
九个当代国际设计实验研究项目
四位中国设计师的「自我世界」
一个当代国际设计教育图谱
六场开幕演讲
NINE INTERNATIONAL DESIGN RESEARCH PROJECTS
FOUR CHINESE DESIGNERS' INDIVIDUAL WORLD
ONE INTERNATIONAL DESIGN EDUCATION MAP
SIX LECTURES AFTER THE OPENING
设计
实验

● 2014年1月，深圳新机场。设计已深入到城市的每一个角落。深圳也正以无比的热情拥抱设计，拥抱设计实验。

后记

《正在设计的未来》这本书汇集了华侨城创意文化园“2013 OCT-LOFT创意节”主体展览“设计实验场”的核心内容，使得为期三个月的活动延展了生命，成为永不落幕的纸上展览。为此，我们对本次展览的特邀策展人李德庚、罗怡，也是本书的作者，表示祝贺和感谢。

OCT-LOFT华侨城创意文化园位于深圳华侨城原东部工业区内，园区占地面积约15万平方米，建筑面积约20万平方米，分为南北两区，原入驻企业多为20世纪80年代引进的“三来一补”工业企业。2004年下半年以来，富有创想精神的华侨城人根据厂房的建筑特点以及政府对文化和创意产业的相关政策指引，创造性地提出将工业区改造为LOFT创意产业园区的想法，通过将旧厂房改造为创意产业的工作室，引进各类型创意产业，使旧厂房的建筑形态和历史痕迹得以保留，同时又衍生出更有朝气、更有生命力的产业经济。随着OCT当代艺术中心进驻以及多届深圳城市/建筑双年展在创意文化园举行，多家著名的设计公司与传媒公司进驻，这里已经成为艺术创作的交易、展示平台，融合“创意、设计、艺术”于一身的创意产业基地。华侨城创意文化园自成立以来，一直坚持以当代艺术、创意设计、先锋音乐为核心内容，已经成为南中国最活跃的文化社区。“创意节”作为自园区成立以来就坚持举办的大型活动，每届都从创意设计的某一个领域出发，深入而全面地探讨与呈现该领域最新的面貌和未来发展的可能性，以期在工业厂房升级改造而成的物理空间之内，真正塑造精神内核，搭建创意设计的平台，让创意设计与公众进行有效的对话。

在设计展和设计节如火如荼的今天，本次创意节却把目光投向了设计的边缘——设计的研究与实验，成为中国近年来最大型的、对当今国际设计研究进行全景式呈现的大型设计展览与活动。我们特邀了来自五个国家的九大著名设计院校（或研究机构）最前沿的综合研究项目，内容涵盖多重创意设计领域：有新材料、新媒体的研发，以期与当地产业进行有效链接；有针对空间的再生改造，以期对城市空间创造性利用提供借鉴；有从公民角度出发的人性化设计，以期构建更加良性的公民社区系统等。这些项目分别从不同角度构建创意科技文化与城市、社区的新型互动关系。同时，这些设计院校及机构本身也是先进的设计教育模板，为整个城市的设计环境的提升及创意人才的培养注入了强劲动力。这部分工作由设计师向帆小姐完成。

当然，在关注国际前沿发展的同时，我们的目光也对准了本土设计师，试图挖掘这些创作者的生活，呈现他们在中国现实环境下所开展的自我塑造或自发研究，以期观众能从中看到设计师的生活路径与他的设计路径之间的联系，并从他们自发的设计实验与研究中体会设计师对现实的观察、采取的策略，以及对未来的想象，从而获得自我成长的启示。这几位设计师是：都市实践、广煜、庞伟、又一山人。这也构成了本次创意节大型主题展览的一部分。

除此之外，本次创意节还由六场开幕主题讲座、“一人一世界”讲座及以“从小灵感到大创意——设计、实验、实践、实现”为主题的专场T街创意市集等丰富内容组成，成为由深圳“创意十二月”延展开来的跨年度重要活动。

设计实验场，从这里出发，寻找设计持续发展的动力；到这里汇聚，一同探讨创意前行、理想进入现实的路径。

华侨城创意文化园

OCT-LOFT

图书在版编目（CIP）数据

正在设计的未来 / 李德庚，罗怡编著. --
重庆：重庆大学出版社，2014.7
ISBN 978-7-5624-8216-1
Ⅰ. ①正… Ⅱ. ①李… ②罗… Ⅲ. ①设计学 Ⅳ. ①TB21
中国版本图书馆CIP数据核字(2014)第099995号

正在设计的未来
ZHENGZAI SHEJI DE WEILAI
李德庚　罗怡　编著
策划编辑：张维
责任编辑：席远航　装帧设计：杨林青
责任校对：邬小梅　责任印制：赵晟
*
重庆大学出版社出版发行
出版人：邓晓益
社址：重庆市沙坪坝区大学城西路21号
邮编：401331
电话：（023）88617190　88617185（中小学）
传真：（023）88617186　88617166
网址：http://www.cqup.com.cn
邮箱：fxk@cqup.com.cn（营销中心）
全国新华书店经销
印刷：北京国彩印刷有限公司
*
开本：889 × 1270　1/32　印张：9　字数：187千
2014年7月第1版　2014年7月第1次印刷
ISBN 978-7-5624-8216-1　定价：58.00元